水电站自动化技术与应用探索

魏跃民 李凌华 高春宝 ◎著

中国出版集团

中译出版社

图书在版编目（CIP）数据

水电站自动化技术与应用探索／魏跃民，李凌华，
高春宝著 . -- 北京：中译出版社，2024. 2
　　ISBN 978-7-5001-7768-5

Ⅰ . ①水… Ⅱ . ①魏… ②李… ③高… Ⅲ . ①水力发
电站-自动化技术-研究 Ⅳ . ①TV736

中国国家版本馆 CIP 数据核字（2024）第 049631 号

水电站自动化技术与应用探索
SHUIDIANZHAN ZIDONGHUA JISHU YU YINGYONG TANSUO

著　者：魏跃民　李凌华　高春宝
策划编辑：于　宇
责任编辑：于　宇
文字编辑：田玉肖
营销编辑：马　萱　钟筏童
出版发行：中译出版社
地　　址：北京市西城区新街口外大街 28 号 102 号楼 4 层
电　　话：（010）68002494（编辑部）
邮　　编：100088
电子邮箱：book@ctph. com. cn
网　　址：http://www. ctph. com. cn

印　　刷：北京四海锦诚印刷技术有限公司
经　　销：新华书店
规　　格：787 mm×1092 mm　1/16
印　　张：12. 25
字　　数：244 千字
版　　次：2024 年 2 月第 1 版
印　　次：2024 年 2 月第 1 次印刷

ISBN 978-7-5001-7768-5　　定价：68. 00 元

前　言

随着水电站建设的突飞猛进，水电站自动化技术也发生了巨大的变化，计算机技术已广泛应用于水电站自动化的各个系统。如控制设备从最初的继电器，到单片机，再到如今的可编程控制器及计算机；继电保护也是从继电器，到集成电路，再到微机型保护设备等。以上设备的更新换代，不但提高了水电厂的自动化水平，而且为水电厂实现无人值班（少人值守）成为可能。

现代通信在水利水电工程中同样扮演着不可或缺的作用。伴随着人类社会现代化进程的飞速发展，人类认知世界的脚步加快，现代通信系统作为满足人们感知世界的重要渠道之一，技术手段日新月异，通信方式也越来越先进，信息的传递在速度、数量和范围等方面都有了很大的进步。水利水电安全可靠运行需要水调系统、电调系统，需要通信系统将计算机监控系统、电能量计量系统、报价系统、安全防护系统、水情自动测报系统和视频监控系统等连接在一起。为了安全、经济地调水、发电、防洪、灌溉，充分利用水能，保障水资源的合理、综合利用，在满足水网电网要求的情况下，合理分配出力，实现工程的无人值班（少人值守），满足市场运营要求，建设与其相适应的通信系统非常关键。

本书是一本探讨水电站自动化技术与应用的书籍，旨在为相关工作者提供有益的参考和启示，适合对此感兴趣的读者阅读。本书详细介绍了水电站自动化基础知识，让读者对水电站理念有初步的认知；深入分析了水电站自动化的内容、水轮发电机的自动控制技术等内容，让读者对水电站自动化有更深入的了解；着重强调了水电站计算机监控技术应用，以理论与实践相结合的方式呈现。希望本书对水电站自动化技术人员的工作和学习有所帮助。

由于作者水平有限，书中难免会出现不足之处，希望各位读者和专家能够提出宝贵意见，以待进一步改进，使之更加完善。

作者

2024 年 1 月

目　录

第一章　水电站自动化基础知识 ·················· 1

第一节　水电站自动化概述 ·················· 1

第二节　同步发电机的自动并列 ·················· 11

第三节　水力发电的基本原理及水电站的基本形式 ·················· 16

第二章　水电站自动化的内容 ·················· 22

第一节　机组本体自动化系统 ·················· 22

第二节　电站辅助设备控制系统 ·················· 27

第三节　继电保护系统 ·················· 40

第四节　控制保护用辅助电源系统 ·················· 49

第三章　水轮发电机的自动控制技术 ·················· 55

第一节　水轮发电机励磁的自动调节 ·················· 55

第二节　水轮机调速器的自动控制 ·················· 63

第三节　水轮发电机组的现地控制 ·················· 74

第四章　水电站进水及引水建筑物 ·················· 91

第一节　水电站的无压进水及引水建筑物 ·················· 91

第二节　水电站的有压进水及引水建筑物 ·················· 96

第五章　水电站的运行与维护 ································· 111

第一节　水轮发电机组附属设备的运行与维护 ················· 111

第二节　变压器的运行与维护 ·························· 126

第三节　配电设备的运行与维护 ························ 136

第四节　直流系统的运行与维护 ························ 149

第六章　水电站计算机监控技术应用 ······················· 154

第一节　水电站计算机监控系统概论 ·················· 154

第二节　水电站计算机监控系统数据采集 ··············· 163

第三节　水电站视频监控技术 ······················ 173

第四节　水电站计算机监控系统的通信网络技术 ··········· 179

参考文献 ··· 187

第一章　水电站自动化基础知识

第一节　水电站自动化概述

一、水电站自动化概况

（一）水电站在电力系统中的应用

水资源是基础性的自然资源，又是经济性的战略资源，同时也是维持生态环境的决定性因素。水力发电是一种能够进行大规模商业开发的可再生的清洁能源，满足了全世界约20%的电力需求。随着世界能源需求增长和全球气候变化，世界各国都把开发水电作为能源发展的优先领域。

水电站生产过程比较简单。水轮发电机启动快，开停机迅速，操作简便，并可迅速改变其发出的功率。例如，一台完全自动化的水轮发电机组，从停机状态启动到发出额定功率，一般只需 1min 左右的时间。同时，水轮发电机组的频繁启动和停机，不会消耗过多的能量，而且在较大的负荷变化范围内仍能保持较高的效率。

由于水电站具有上述特点，所以在电力系统中，它除了可承担与其他类型电站一样的发电任务外，还适宜于担负下列任务：

1. 系统的调频、调峰

电力系统的负荷是随时间不断变化的，即使在较短时间内，也会因一些负荷的投入和切除而不断发生变化。为了保持系统频率在规定范围内，系统中必须有一部分发电站或发电机组随负荷的变化而改变出力，以维持系统内发出功率和消耗功率的平衡。否则，随着系统负荷的变动，系统频率可能偏移额定值过大。一般情况下，对于变化幅度不大的负荷，频率的调整任务主要是由发电机组的调速装置来完成的，对于变化幅度较大、带有冲击性质的负荷，则需要有专门的电站或机组承担调整频率的任务。担负这一任务的电站或机组称为调频电站或调频机组，它们所担负的这种任务称为调频任务。

由于水电站具有上述特点，所以具有调节能力的水电站特别适宜担负系统的调频任务，即作为系统的调频电站。此外，这种电站也适宜担负系统的尖峰负荷，即担负调峰任务。

火电厂的汽轮发电机组从冷状态启动，往往需要几个小时到十几个小时。同时，频繁的启动和停机将使汽轮发电机组消耗大量的燃料，并且容易损坏设备。此外，改变汽轮发电机组的出力，速度也不能太快。因此，火电厂（包括核电站）不适宜担负剧烈变化的负荷，即不适宜作为系统的调频、调峰电站。为了运行的经济性和设备安全，它们应在效率高的固定负荷下运行。可见，有水电站担负调频、调峰任务的系统，既可充分发挥水电站的特长，又可使火电厂在高效率区稳定、经济地运行，使各动力资源得到合理的应用，从而使整个系统获得较高的经济效益。当然，水电站的运行工况一般也不是固定不变的。不同的水电站，或同一个水电站在不同的季节，其运行工况可能是不同的。通常，没有调节水库而靠径流发电的水电站，只担负固定不变的负荷。一些有水库并具有调节能力的水电站，在洪水季节，为了不弃水，也担负固定不变的负荷（即基荷）。

对于缺乏水力资源的系统，为了解决调峰的需要，有条件时可兴建抽水蓄能水电站。这种电站在系统负荷处于低谷时，利用系统的剩余功率将水从低处的下游水库抽到高处的上游水库，以水位能的形式将能量储存起来。系统负荷出现高峰时，电站放水发电，供系统调峰之用。从能量利用的观点来看，这种电站消耗的能量大于发出的能量，但由于高峰时电能的经济价值比低谷时高得多，且抽水蓄能电站具有与普通水电站一样的优点，所以修建这种电站在经济上是合理的。近年来，抽水蓄能电站在国外发展很快，且正向高水头、大容量方向发展。我国华北等地区系统的一些水电站也装设了抽水蓄能机组，并已发挥了一定作用。

2. 系统的事故备用容量

一定的备用容量是电力系统进行频率调整和机组间负荷经济分配的前提。如果电力系统没有备用容量，频率的调整和负荷的经济分配便无法实现。系统中各类型电站的发电机组构成了电力系统的电源。由于发电机组不可能全部不间断地投入运行，而且投入运行的发电机组不都能按额定容量工作（如机组的定期检修、水电站因水头过分降低不能发出额定功率等），故系统中的电源容量不一定等于所有发电机组额定容量的总和。实际上，系统的电源容量只等于各发电站预计可投入的发电机组可发功率的总和。也就是说，只有这些可发功率才是可供系统调度随时使用的系统电源容量。为保证供电可靠性和电能质量，系统的电源容量应大于包括网损和发电站自用电在内的系统总负荷（即发电负荷）。系统电源容量大于发电负荷的部分称为备用容量。

电力系统的备用容量有热备用（旋转备用）和冷备用两种，前者是指运行中发电机组可发出的最大功率与发电负荷之差，后者则是指未运行发电机组可能发出的最大功率。进行检修的机组不属于冷备用，因为它们不能随时供调度使用。由于电力系统的负荷是不断变化的，从保证供电可靠性和电能质量角度出发，系统的热备用应该大些为好。然而，从系统运行经济性考虑，热备用又不宜太大。

按用途的不同，电力系统备用容量又可分为如下几种：

（1）负荷备用。用于调整系统中短时的负荷波动，并满足计划外负荷增加的需要。这类备用容量应根据系统负荷的大小、运行经验和系统中各类用户的比重来确定，一般为系统最大负荷的 2%~5%。

（2）事故备用。用于代替系统中发生事故的发电设备的工作，以便维持系统的正常供电。事故备用容量与系统容量、发电机台数、单机容量、各类型发电站的比重和供电可靠性的要求等因素有关，一般约为系统最大负荷的 5%~10%，并不应小于系统中最大一台机组的容量。

（3）检修备用。是为定期检修发电设备而设置的，与负荷性质、机组台数、检修时间长短及设备新旧程度等有关。通常只在节假日或负荷低落季节无法安排所有设备检修时才设置专门的检修备用容量。

（4）国民经济备用。是为满足负荷超计划增长设置的备用。

可以肯定，以上四种备用容量均以热备用或冷备用这两种形式存在于系统中，而且为了满足负荷变动和发生事故时的需要，热备用应包括全部负荷备用和一部分事故备用。很明显，由于水轮发电机组的优点，适宜担负系统的事故备用。负荷备用一般设置在调频电站内，也适宜于由水电站来承担。此外，由于水轮发电机组发电和调相的工况转换非常方便，必要时可将担负事故备用的机组或其他闲置机组做调相运行，以便向系统提供无功功率，改善电压质量。在一定条件下，这样做可使系统节约一部分专用的调相设备。

（二）水电站自动化的目的

水电站自动化就是要使水电站生产过程的操作、控制和监视能够在无人（或少人）直接参与的情况下，按预定的计划或程序自动地进行。由于水电站的生产过程比较简单，这就为水电站实现自动化提供了方便的条件。就电站本身的自动化而言，水电站要比火电厂容易一些，而水电站的自动化程度通常也要比火电厂高一些。另外，由于水电站在系统中担负前述的任务，因此要求水轮发电机组应能迅速地开停机、改变运行工况和调节出力。这些要求也只有在水电站实现自动化以后才能更好地完成。

水电站实现自动化的目的在于：提高工作的可靠性；保证电能质量（电压和频率符合要求）；提高运行的经济性；提高劳动生产率。

1. 提高工作的可靠性

供电中断可能使生产停顿，生活混乱，甚至可能危及人身和设备的安全，造成十分严重的后果。因此，水电站的运行首先要满足安全发供电的要求。水电站实现自动化以后，通过各种自动装置能够快速、准确和及时地进行检测、记录和报警。当出现不正常工作状态时，自动装置能发出相应的信号，以通知运行人员及时加以处理或自动处理。发生事故时，自动装置能自动紧急停机或断开发生事故的设备，并可自动投入备用机组或设备。可见，实现自动化既可防止不正常工作状态发展成为事故，又可使发生事故的设备免遭更严重的损坏，从而提高了供电的可靠性。

另外，用各种自动装置来完成水电站的各项操作和控制（如开停机操作和并列），可以大大减少运行人员误操作的可能，从而减少发生事故的机会。此外，采用自动装置进行操作或控制，还可大大加快操作或控制的过程，这对于在发生事故的紧急情况下，保证系统的安全运行和对用户的供电具有非常重要的意义。例如，水轮发电机组采用手动开机时，一般需要 10~15 min 才能将机组并入系统；而采用自动装置开机时，通常只需要 1 min 便可投入系统并带上负荷。

随着水电站机组容量的不断增大，设备越来越复杂，对运行可靠性的要求越来越高，因而对水电站自动化也提出了更高的要求。

2. 保证电能质量

电能质量用电压和频率两项基本指标衡量。良好的电能质量是指电压正常，偏移一般不超过额定值的±5%；频率正常，偏移不超过±（0.2~0.5）Hz。电压或频率偏离额定值过大，将引起生产大量减产或产品报废，甚至可能造成大面积停电。

电力系统的电压主要取决于系统中无功功率的平衡，而频率则主要取决于系统中有功功率的平衡。既然系统的负荷是随时在变化的，那么要维持电压和频率在规定范围内，就必须迅速而又准确地调节有关发电机组发出的有功和无功功率，特别是在发生事故的情况下，快速地调节或控制对迅速恢复电能质量具有决定性的意义。这个任务的完成，如果靠运行人员手动进行，无论在速度方面还是在准确度方面都是难以实现的。因此，只能依靠自动装置来完成。一般一个正常的电力系统发生电能质量低劣的现象，往往是由于调度管理不当和运行调节不及时造成的。可见，提高水电站的自动化水平是保证电力系统电能质量的重要措施之一。

3. 提高运行的经济性

所谓经济运行，就是要使水轮发电机组经常运行在最佳工况下（即高效率区）。对于多机组的电站而言，还要根据系统分配给电站的负荷和电站的具体条件，选择最佳的运行机组数，以便用较少的水生产较多的电能。一般来说，即使是同类型同容量的机组，由于制造工艺上的差异和运行时间长短的不同，它们的效率也不完全相同。而效率上的较小差异，则可能引起经济效益的较大差别，对于大型机组更是如此。

水电站通常是水力资源综合利用的一部分，要兼顾电力系统、航运、灌溉、防洪等多项要求，经济运行条件较复杂，很难用人工控制来实现。实现自动化以后，利用自动装置将有助于水电站经济运行任务的完成。例如，对于具有调节能力的水电站，应用电子计算机可大大提高运行的经济性，这是因为电子计算机不但可对水库来水进行预报计算，还可综合水位、流量、系统负荷和各机组参数等参量，按经济运行程序进行自动控制。

4. 提高劳动生产率

自动化水电站的很多工作都是由各种自动装置按一定的程序自动完成的，因此减少了运行人员直接参与操作、控制、监视、检查设备和记录等的工作量，改善了劳动条件，减轻了劳动强度，提高了运行管理水平。同时，可减少运行人员，实现少人甚至无人值班，提高劳动生产率，降低运行费用和电能成本。此外，由于运行人员减少，可减少生活设施，因而也可减少水电站的投资。

二、电子计算机在水电站的应用

电子计算机具有计算速度快、精度高、记忆力强、存储量大、善于逻辑判断等一系列优点，目前电子计算机在电力、石油、化工、交通等部门已被广泛应用。

在电力系统中，电子计算机初期主要用于完成计算潮流分布、短路电流和系统稳定等任务。随着水电站规模和单机容量越来越大，对运行的安全可靠和经济效益提出了更高的要求。同时，对运行工况的监视和操作控制的要求也越来越严格。此外，需要监视的变量和为了确定不同的操作控制所需进行的数据处理也越来越多。这些复杂而繁重的任务靠运行人员来完成已变得十分困难。在这种情况下，对电子计算机在水电站的应用，很多国家都进行了大量的试验研究工作。目前，国内外大多数水电站都采用电子计算机控制，特别是在大型电站、水电站群、梯级电站和抽水蓄能电站中应用较多。

（一）电子计算机的功能

水电站应用电子计算机，一般可实现如下几个方面的功能：

1. 自动检测

（1）运行参数监视。对生产过程中的各种参数周期地进行巡回检查和测量监视。如发现异常（如越限）则立即报警、显示，并做记录。运行人员可通过控制台检查某些参数，电子计算机可通过显示或打印报告检查结果。

（2）打印制表。每天定期打印必要的运行参数以供运行分析和指导使用，并代替运行人员抄表。

（3）趋势分析和预报。除随时响应和处理被控制对象发生的异常现象外，还可对异常情况下的运行趋势进行分析、提出报告或采取相应措施。对重要参数还可做梯度计算，以判别变化趋势。

（4）水文预报。定期对水库区水文测点进行遥测并做出预报。

2. 自动计算

（1）水库调度计算。根据雨量和水位等水文资料，进行洪水预报和洪水及水库的调度计算。

（2）闸门启闭计算。根据泄洪量和上游水位等计算闸门的开启数量、开启顺序和开度。

（3）机组最佳运行台数计算。根据电站具体条件，通过一定的数学模型进行计算，以确定最佳运行机组数，使电站在最佳工况下运行。

（4）功率经济分配计算。根据电力系统的要求和电站的具体条件，确定机组间有功和无功功率的经济分配，以提高电站运行的效益。

（5）稳定计算、电量计算和水量平衡计算等。

3. 自动控制与调节

包括机组的自动开停、并列或解列以及运行工况的自动转换、机组有功和无功负荷的自动调节、闸门的启闭和开度的自动控制、梯级电站的经济调度管理和控制以及根据电力系统的命令进行自动控制等。此外，还要完成对主要设备的操作，并记录操作时间和内容。

4. 自动处理事故

水电站在运行中出现事故时，电子计算机将各主要参数的变化和各种装置的动作情况进行记录和存储，并立即进行事故分析，同时执行预先制定好的事故处理程序，以对事故进行处理。

5. 生产的经营管理、统计及其他

根据系统调度命令和电站设备状况，编制、执行和修改运行计划；电站运行经济指标核算和分析；水工建筑物观测资料的统计、计算和分析等。

（二）电子计算机控制系统的组成和对电子计算机的要求

为了完成上述任务，电子计算机应具有相应的外围设备和外部设备。

水电站生产过程中的参数，一般可归纳为两类：即模拟量和开关量。前者是指连续变化的量，如电流、电压、功率、流量、压力和温度等；后者是指仅有两个状态的变量，如阀门的"开启"和"关闭"、开关的"合闸"和"跳闸"等。电子计算机要实现对生产过程的监视和控制，就必须将这些模拟量和开关量输入电子计算机，经过计算、分析和判断后，再输出相应的模拟量和开关量，以对生产过程进行操作或控制。这些模拟量和开关量的输入和输出设备即称为外围设备，又称为过程输入/输出装置。外部设备包括外存储器、穿孔机、光电输入机、电传打字机、制表机和显示器等，通过这些设备，可以输入程序存储大量信息，以及进行人机联系等。

作为中央处理机的电子计算机，要按一定的调节规律或数学模型对生产过程的各种参数进行计算和分析，因此必须具有与通用数字电子计算机相似的运算功能。此外，还应满足如下要求：

1. 具有高度的可靠性

由于水电站的生产过程是连续不间断的，故要求电子计算机能长期稳定地运行，必要时要求双机运行。

2. 具有较灵活的中断系统

电子计算机控制是一种实时控制，即电子计算机能在瞬间采集生产过程的大量信息，进行高速的计算、分析和判断，并在很短的时间内做出反应或进行控制。例如，当水电站生产过程中出现紧急情况时，电子计算机控制系统的中断装置将立即申请中断。电子计算机响应中断后，将暂停执行原来的程序，并马上转而执行相应的中断处理程序，以对生产过程进行紧急处理。处理完毕后，电子计算机将自动返回中断点继续执行原来的程序。可见，中断系统是实现实时控制不可缺少的。由于水电站生产的连续性和供电的不间断性，要求电子计算机具有较强的实时性能，故应具有较灵活的中断系统。

3. 具有实时时钟

在对水电站的生产过程进行监视和控制时，往往需要记下某些事件发生的时间，按一定的时间表进行各种操作，或在发生某些事件后经过规定的时间进行某种操作等。因此，在电子计算机执行程序时需要有一个时间参数，而这个时间参数就是依靠实时时钟来提供的。这个问题一般有两个解决办法：一种是用一个实时时钟作为外部设备，可以是用程序去读时间，也可以规定实时时钟定期申请中断；另一种是在电子计算机或外部设备中有一个基本的时标发生器，利用中断及软件配合产生各种时间间隔。

4. 具有可靠的外围设备

水电站应具有抗干扰能力强的模拟量和开关量的输入通道。

5. 便于操作和联系

外部设备要便于人机联系，并使运行人员能简单明了地操作电子计算机和了解电子计算机的输出。

（三）电子计算机的控制方式

电子计算机对水电站的监视与控制是通过外围设备来实现的。因此，完成水电站机组及其辅助设备的自动化、主要设备和闸门的远方集中控制等属于基础自动化的工作，是水电站应用电子计算机控制的基础条件。

1. 数据采用和处理

数据采用和处理是电子计算机在水电站的最简单应用，也是电子计算机控制系统的最基本功能。除包括传统的测量、监视和报警外，数据采集和处理还包括对事件发生的顺序加以分辨，对运行情况进行记录和制表，同时还可追忆事故发生前的运行数据，指出机组运行的发展趋势。此外，通过数据采集建立起来的数据库还是进行自动操作和控制的依据。

2. 运行指导

对于开环的控制方式，电子计算机的输出不直接作用在被控制对象的控制元件（或执行机构）上，而只是输出一些数据，然后由运行人员按这些数据的要求去完成相应的操作或控制。换言之，完成操作或控制的是人而不是电子计算机。

采用这种控制方式时，反映生产过程的有关参数经一定时间由外围设备送入电子计算机，电子计算机按一定要求计算出合适的或最佳的控制量数值，并在屏幕显示器上显示或由打印机打印。然后由运行人员按照电子计算机输出的要求，操作执行机构或改变有关控制（调节）装置的给定值，以达到控制被控制对象的目的。例如，当水电站的水头或负荷发生变化时，电子计算机通过计算给出在此工况下的最佳运行机组数及机组间的负荷经济分配。然后由运行人员完成有关的操作，以实现电站的经济运行。可见，这种控制方式的电子计算机控制系统只起运行指导的作用。实际上，越限或事故报警也是运行指导工作的一部分。用于这种控制方式的电子计算机，要同时完成数据采集和处理等多项功能。

显而易见，水电站的各种常规自动装置在这种控制方式中仍然是不可缺少的。这种控制方式的优点是比较灵活和保险。电子计算机给出的运行指导，运行人员认为不合理的可以不采纳。因此，这种控制方式一般用于设置电子计算机控制系统的初期阶段，或用于调试新的控制程序和试验新的数学模型。一些已建成的老电站也可以用这种控制方式实现经济运行。

3. 监督控制

监督控制的控制方式与运行指导不同。电子计算机的输出将通过外围设备直接改变控制（调节）装置的给定值，或直接完成操作，因此又称为给定值控制方式。这显然是一种闭环控制系统。就自动化程度而言，这种控制方式优于运行指导方式。

在电子计算机的输入方面，监督控制与运行指导无大的差别，电子计算机进行的控制计算也大致相似。但在电子计算机输出方面，却存在很大差别。由于电子计算机的输出要直接用于改变给定值或完成操作，因此必须满足有关装置的要求。例如，在改变给定值时，若控制装置需要输入电压，则电子计算机就必须通过外围设备中的有关装置输出相应的电压量。

监督控制方式的电子计算机处于管理、监视和校正的地位，一般不取代常规的自动化装置，但可使其具有综合能力和自适应能力。电子计算机退出工作时，常规的自动装置仍能独立地工作，维持电站正常运行，只是经济性、可靠性和调节动态品质方面的性能有所降低。这种控制方式的最大优点是避免了不同运行人员按各自的方法和经验操作时可能造成的误差，使电站或机组始终在最佳状态下运行。

以上各种控制方式，又可分为集中控制和分布控制两种类型。

整个电站采用一台（或几台）电子计算机进行控制的方式属于集中控制。这种控制方式只用一台（或几台）电子计算机实现整个电站的各项自动化功能，因此控制系统的信息流通量很大，电子计算机的处理任务也很重，要求电子计算机存储容量大、计算速度快、工作可靠性高。这种控制系统的电子计算机若发生故障，则可能影响整个电站的安全经济运行。集中控制是早期采用的控制方式。当时电子计算机硬件很贵，因此多采用这种一台电子计算机控制的方式，而且主要用于完成监测、记存数据、报警、打印制表及经济调度等开环控制的任务。对一些已运行的老电站，可采用这种控制方式监视运行状态、实现经济运行及管理各种自动装置等。运行指导和监督控制的控制方式，都是可以采用一台电子计算机的集中控制。

随着微型电子计算机的大量生产和使用，出现了分布控制。这种控制方式将整个电站的控制功能分成两级，即全站管理级和单元控制级。全站管理级主要负责处理全站性的自动化功能，如经济运行、发电控制、安全控制、自动电压控制和检测、报警、制表等，这一级一般采用高级微型电子计算机或小型电子计算机。基层的控制任务则交给单元控制级去完成，它通常按被控制对象（如机组、开关站、闸门控制设备等）设置，一般采用微型电子计算机。单元控制级能独立完成对被控制对象的数据采集、运行监视、控制操作及稳定调节等。单元控制级是构成整个控制系统的基础，由于它具有一定的处理能力，能分担全站管理级的处理任务，故可减少控制系统的信息流通量，降低对全站管理级电子计算机在规模、速度和可靠性方面的要求。单元控制级接受全站管理级的命令，实行对被控制对象的控制，而全站管理级则对整个电站的生产过程进行调度管理和监控。

分布控制系统一般具有如下优点：

（1）工作可靠。各个单元互相独立，一个单元故障只影响一个被控制对象，不影响全局，故可靠性较高。又因单元控制级具有独立处理能力，所以全站管理级出现故障时仍可维持被控制对象的运行。

（2）功能强。每一台微型电子计算机只担负有限的任务，可以充分满足各种要求，从而使整个控制系统的功能增强。此外，多台微型电子计算机同时处理，也使整个控制系统的吞吐量增大，处理速度加快。

（3）便于实现标准化。不同被控制对象单元控制级的硬件设备是相同的，这就为实现控制设备的标准化和模块化创造了条件，并为设计、制造、安装和维修带来很大方便。同时，还可节省控制电缆和占用的面积。由于减少了电缆长度，可减轻由于长线引起的干扰，提高工作的可靠性。此外，需要单元控制级实现的功能相对较少，处理的速度不突出，因此可采用性价比高的微型电子计算机，使这种控制系统具有较好的经济指标，并便于扩充和修改。

综上所述，分布控制系统具有一系列优点，是一种很有发展前途的控制系统，并比较适用于新建的水电站。我国有大量的水电站有待兴建，因此这种控制系统对我国具有现实的技术经济意义。我国富春江和丹江口水电站采用的就是这种多微机分布控制系统。

分布控制系统的单元控制级也可按电站自动化的各项功能设置，如设置公用的模拟数据和开关数据采集处理装置、有功和无功功率成组处理装置、机组顺序开停装置等。全站管理级对各专项处理装置分配任务并管理其运行。就每个单项处理装置而言，这种系统仍属于集中控制系统。这种控制系统有利于提高任务处理能力，易于按用户功能的要求灵活地构成不同规模的系统，适宜在技术改造的电站使用。我国葛洲坝二江电站采用的就是这种按功能分布的控制系统，设置了三台专用功能装置，即控制调节装置、电量监测装置和事件顺序记录装置。这些装置在全站管理级电子计算机管理下协调工作，各自完成开关量、模拟量采集，控制和调节等功能。

近年来，由于大规模集成电路技术的发展，微型电子计算机得到了迅速的发展。微型电子计算机具有价格便宜、体积小、简单可靠、适合于单功能控制等优点，这样就为用微型电子计算机取代常规的自动化装置创造了条件。目前，国内外都在研究和试验用微型电子计算机代替一些常规的自动装置，如调速装置、励磁调节装置和同期装置等。采用微型电子计算机中用软件构成的调节装置，其输出不是用于改变模拟量调节装置的给定值，而是直接去控制生产过程，故称为直接数字控制，相应的调节装置称为数字式调节装置。这种调节装置只需改变相应的程序即可较方便地改变调节规律。

值得注意的是，直接数字控制并不只是原有常规自动装置调节规律的数字化，即并不只是重复模拟量调节装置的调节规律。它的主要目的是充分利用微型电子计算机高度数学运算和逻辑运算的功能，以及可较方便地改变调节规律的特点，使一些较复杂的控制规律的实现变为可能，使按自适应准则实现实时最佳控制变为可能，从而为利用现代控制理论的成果提供了广阔的前景。水电站用微型电子计算机取代常规的分组自动装置以后，一般需要设置控制计算，以控制、管理各台微型电子计算机，并负责整个电站的调度和管理。

控制计算可采用高级微型电子计算机或小型电子计算机。这样，整个电站便形成了新型的电子计算机数字控制系统。

水电站的电子计算机控制是一个发展迅速的领域。目前，电子计算机控制已发展成水电站自动的主要手段。

第二节　同步发电机的自动并列

一、同期的基本概念、方式和自动同期并列的意义

同步发电机乃至各个电力系统联合起来并列运行，可以提高电力系统供电的可靠性，改善电能质量，减少系统备用容量，按机组最佳效率和水电站特性合理分配负荷，实现电力系统的经济运行，经济效益极为明显。

（一）同期的基本概念

在电力系统中，并列运行的同步发电机转子都以相同的角速度旋转，转子间的相对位移角也在允许的范围内。发电机的这种运行状态称为同步运行。发电机在未投入电力系统以前，与系统中的其他发电机是不同步的。把发电机投入电力系统并列运行，需要进行一系列的操作，称为并列操作或同期操作。这是一项技术要求较高的操作，实现这一操作的装置称为同期装置。

（二）同期的方式

同期操作的方式有两种，即准同期和自同期。

1. 准同期方式

待并发电机在并列前已励磁，调节其电压和频率，在发电机电压、频率和相位均与运行系统的电压、频率和相位相同（或接近相同）时，将发电机断路器合闸，发电机即与系统并列运行。在理想的情况下，合闸瞬间发电机定子电流等于零。

准同期方式的最大优点是：只要并列操作得当，同期时只有较小的电流冲击，对系统电压影响不明显。主要缺点是：调整电压和频率时，相位相同瞬间的捕捉较麻烦，同期过程较长。发生系统事故时系统频率和电压急剧变化，同期困难更大。如果采用手动准同期，由于操作人员技术不够熟练，还会有非同期误并列的可能性。

2. 自同期方式

在待并发电机转速升高到接近运行系统同步转速时，将未加励磁的发电机投入系统，然后给发电机加上励磁，待并发电机借助电磁力矩自行进行同步。

自同期方式的优点是操作简单，并列快，特别是在系统发生事故时，尽管频率和电压波动比较剧烈，机组依然能迅速投入并列。由于待并发电机在投入系统时未励磁，消除了非同期误合闸的可能性。其主要缺点是合闸瞬间冲击电流较大，并有较大振动，对发电机线圈的绝缘和端部固定部位有一定影响。只要定子线圈绝缘和端部接头无不良现象，可允许在事故情况下采用自同期的并列方式。

无论采用哪种方式，为了保证电力系统安全运行，发电机的并列都应满足以下两个基本要求：

①投入瞬间的冲击电流不应超过允许值。

②发电机投入后转子能很快地进入同步运转。

准同期和自同期都可用手动操作或由同期装置自动操作。手动操作所需同期设备比较简单，只需同期表或同期指示灯等。由于同期设备的误差和操作人员技术不够熟练，有可能在同期条件尚未完全满足的情况下误投入，造成较大的电流冲击。因此，手动同期操作的劳动强度较大，要求操作人员有较高的技术水平和实践经验。由于同期操作是水电站运行中一项经常性的重要操作，操作不当可能导致设备损坏，甚至造成严重事故。因此，对于容量较大的发电机，应尽量采用自动同期装置，以手动准同期作为备用。

3. 自动同期的意义

（1）在功能比较完善的自动装置操作下，能够实现高度准确同期，对待并机组无冲击损伤，对运行系统无影响。

（2）可加快并列过程，在系统负荷增加及事故后急需备用机组投入时意义更为明显。

（3）自动准同期装置具有频率差和电压差等闭锁环节，消除了误并列的可能性。

（4）减轻了操作人员的劳动强度。由于电子技术的发展，我国能批量生产数种功能完善、工作性能可靠的自动准同期装置，来满足不同容量电站的运行要求。在目前的水电站电气设计中，一般采用以自动准同期作为水轮发电机正常的并列方式，以带有非同期闭锁的手动准同期作为备用。自同期则主要用作事故情况下的同期方式，而且均采用自动自同期并列。

二、自动准同期

（一）准同期并列的允许偏差及自动准同期装置的任务

准同期并列的条件是：电压相等、频率相同、相位相同。但实际操作不可能这么理想，总有一定的误差。因此，根据允许冲击电流的条件，规定了准同期并列允许的频率、电压、相角偏差范围。

1. 电压允许偏差

假设其他准同期条件都满足，只是并列点两端电压绝对值不等时，合闸瞬时产生冲击电流。发电机的阻抗是电感性的，所以冲击电流的周期分量属于无功电流。当发电机具有励磁的自动调节装置时，在正常情况下与系统电压相差不大。所以自动准同期装置不都要求具有自动调压的功能，只是对电压差进行闭锁。但在无经常值班人员的水电厂里发生严重的事故降压时，自动地使电压相等对发电机的自动并列很有必要。

2. 相角允许偏差

如果电压、频率相同，而合闸瞬间相位不同，存在相角差 δ，会引起具有有功性质的冲击电流。

并列时 δ 角越大，冲击电流越大，如果在 $\delta = 180°$ 时误合闸，冲击电流最大，等于发电机出口三相短路电流的 2 倍。

若要求冲击电流不超过发电机出口三相短路电流的 1/10，可算出 $\sin\delta = 0.1$，$\delta = 5.73°$。通常要求合闸时相位差 δ 不超过 10°。

3. 频率允许偏差

频率不等意味着两个电压相量之间存在相对运动。若把一个相量看作静止不动，则另一个相量一会儿与它重合，一会儿又离开它，两个相量之差 ΔU 时大时小形成脉动电压，从而产生脉动电流。脉动电流将使刚并入系统的发电机在短时间内发出（或吸收）过多的功率，使发电机轴产生振动，严重时可能失去同步。故要求待并发电机与运行系统的频率差不超过 0.2% ~ 0.5%，即 0.1 ~ 0.25 Hz，因此并列时必须对频率差进行检查。

自动准同期装置，除对频率差进行闭锁外，还要求具有自动调频的功能，由它在并列过程中对发电机频率进行调节。

4. 自动准同期装置的功能

为了满足上述三个准同期允许偏差调节的要求，自动准同期装置必须具备的功能是：①调频；②调压；③在发电机的频率和系统频率已经调到所允许的偏差值以后，在发电机和系统的电压的相位和数值都已接近相等时，提前一段时间（等于断路器工作时间）发出合闸脉冲，待相位和数值相等时，合闸动作完成。

如果①②两项是由人工进行操作的，自动装置只完成③项任务，就称为半自动准同期装置。

（二）自动准同期装置的基本原理和类型

1. 准同期合闸脉冲时间的选择

无论手动或自动准同期，在满足准同期并列的条件下，为使断路器触头在 $\delta=0$ 瞬间闭合，同期装置必须提前发出合闸脉冲。因为从发出合闸脉冲到断路器触头闭合，须经历合闸继电器、合闸接触器和断路器相继联动的过程。这一提前时间称导前时间，以 t_{dq} 表示。由于 t_{dq} 根据断路器等的合闸时间整定，不随频率差大小而变，与频率无关，所以按此原理构成的自动准同期装置称为恒定导前时间的准同期装置，目前已得到广泛应用。

另一种同期装置与上述不同，取一个恒定的导前相角 δ_{dq} 发出合闸脉冲。就是说不管脉冲电压的周期大小，总是在脉冲电压过零以前，以恒定的导前相角 δ_{dq} 发出合闸脉冲。导前相角一定时，导前时间将随频率差 f 变化，而不是定值。因此这种装置很难保证断路器触头刚好在脉动电压过零时闭合。这种原理构成的自动准同期结构比较简单，用几只电压继电器接入脉动电压有效值电压回路，即可实现恒值导前相角发出合闸脉冲，但现已较少采用。

2. 恒定导前时间自动准同期装置的类型

目前，我国生产和采用的自动准同期装置，大部分是属于恒定导前时间型的，主要型号有 ZZQ-1、ZZQ-3A、ZZQ-4、ZZQ-5 和 ZZT-2A。它们都是采用脉动电压（或将它变换波形）的一次微分和脉动电压相比较的原理获得恒定的导前时间。采用一次微分的目的是为了消除导前时间和频率的关系。

ZZQ-3A 与 ZZQ-4 型原理相同，设有自动调频部分，可实现发电机频率对系统频率的自动追踪，目前在中小型水电站应用较多。ZZQ-5 和 ZZT-2A 除自动调频外，还设有自动调压部分，可在并列过程中对发电机电压进行自动调节。ZZT-2A 在合闸部分采用了双回路系统，能够互相监视，提高了合闸部分的可靠性；还设有自启动及双回路系统故障信号，适应自动开机，便于远方监视，功能更加完善。

三、自动自同期

（一）自动自同期并列

1. 自同期并列特点

自同期是在发电机未给励磁、仅有一点残压的情况下，将接近同步转速的发电机投入系统，而后再给励磁，由产生的电磁力矩将发电机拉入同步。

这种同期方式对电压和相位条件没有要求，对频率差的要求范围也较宽，允许频率差 0.5~1 Hz，在事故情况下还可放宽至 2.5 Hz 甚至更大。用自同期方式进行发电机并列操作是结合开机操作过程自动进行的，正常情况下，经过 1~2 s 即可拉入同步。

自同期方式并列过程迅速，操作简单。只要接线合理，实际上消除了非同期并列的可能性，对于加速事故处理、保证系统事故后的稳定运行有着更大的意义。因为在事故情况下，系统频率和电压发生摆动，自同期并列方式可以在系统电压降至 50%~60% 的额定电压、系统频率降至 35 Hz 的情况下将发电机投入，如果采用准同期方式并列，则无论是手动准同期还是自动准同期，都是不可能实现的。

自同期的主要缺点是：未经励磁的发电机投入电力系统时，相当于系统经过很小的发电机次暂态电抗 X_d'' 短路，故产生超过额定电流的冲击电流和电磁转矩，由于发电机从电力系统吸取大量的无功电流，系统电压短时下降。

2. 冲击电流检验

同步发电机多年运行经验表明，在发电机出口突然发生三相短路时，发电机转子的轴和定子的结构、部件、基础等不会发生损坏，但定子绕组端部的绝缘和接头会发生不同程度的损伤。为此，规程规定发电机采用自同期并列时，产生的冲击电磁力矩不得超过发电机出口三相突然短路时的数值；同时，冲击电流在定子绕组端部引起的电动力不得超过发电机出口三相短路时电动力的 1/2（安全系为 2）。

同时，由于自同期时，母线电压下降，使冲击电流变得更小。如果自同期时将转子绕组经灭磁电阻短接，还可使冲击电流加快衰减，故可认为自同期对发电机并无危害。只要水轮发电机定子绕组端部绝缘和固定情况良好，都可采用自同期并列。

3. 对系统电压的影响

自同期合闸瞬间引起电力系统的电压下降，其严重程度与投入发电机容量大小有关。当发电机容量比系统容量小很多时，自同期引起的电压下降不会超过 10%~15%，经过 0.5~1 s 即可恢复到正常电压的 95% 左右，对用电没有影响。如果发电机容量较大，自同期时，可能引起系统电压较大下降，但是利用发电机自动调节励磁装置的强行励磁作用可使电压迅速恢复，电压降低时间只有 1~2 s，对系统稳定也无危险。只有当发电机容量与系统容量可以比拟时，才需要通过计算和试验判断可否采用自同期。

（二）频差继电器

发电机采用自同期并列，必须检查待并机和系统电压间的频率差，以便在允许频差范围内将发电机投入系统。检查频差可用频差继电器或转速继电器（检查速度绝对值）。常用的频差继电器有 GCZ-1 型、LCZ-1 型和 BCZ-1 型三种。GCZ-1 型为感应式频差继电器，过去曾大量采用，但这种继电器性能差，工作不够可靠，易造成误动作，现在已停止生产。

（三）水轮发电机自同期接线

水轮发电机采用自同期并列时，一般都采用自动自同期，并且每台机组装设一套自同期设备，与机组自动操作接线融为一体。其接线因水轮机型号、调速器类型以及所采用的操作开关、继电器等的不同，甚至各个地区习惯做法不同而有所不同，但从原理来说都是一致的。

第三节　水力发电的基本原理及水电站的基本形式

一、水力发电的基本原理

河道中的水流在地心吸力的作用下，由高处向低处运动，从而将水流的势能转变为动能，这样水流就具有做功的能力，其高差越大，流量越多，做功的能力就越大。水电站通常由以下两个基本要素构成：

第一，设备要素。在水电站工程中，通常需要安装各种机电设备，其中核心设备为水轮机。设备是水电站能量转换及其控制的主体，具体实施能量的转换、输送及其控制等。

第二，建筑物要素。在水电站工程中，建筑物一般包括挡水建筑物、泄水建筑物、输水建筑物及水电站厂房等。建筑物是水力发电的载体，由其实现对水能的积聚与输送、设备的安置等。

二、水电站的特征参数

（一）水库特征水位及特征库容

由于天然来水量的不均匀性和水电站引用流量等综合利用水量的经常变化，水电站的水库水位和相应的库容也是随时间而变化的，一般用其特征值来表示这种变化特性。

1. 死水位与死库容

死水位是指水库在正常运用情况下，允许的最低消落水位。死水位以下的水库容积称为死库容，一般死库容中的水量是不利用的。

2. 正常蓄水位与调节库容

正常蓄水位（又称正常高水位）是指水库在正常运用情况下，为满足设计兴利要求而在开始供水时应蓄到的最高水位。死水位至正常蓄水位之间的库容称为调节库容（又称兴利库容)。正常蓄水位与死水位之间的高差，称为水库消落深度。通常用库容系数 β（调节库容与平均年入库水量的比值）来表示水库的兴利调节能力，当年水量变差系数 C_V 值较小、年内水量分配较均匀时，$\beta>30\%$ 就可进行多年调节；当 $\beta=8\%\sim30\%$ 时，一般可进行年调节。当水库具有枯水日来水量的 $20\%\sim25\%$ 的调节库容时，一般就可进行日调节。

3. 防洪限制水位

防洪限制水位是指水库在汛期允许兴利蓄水的最高水位。它是水库在汛期防洪运用时的起调水位。

4. 防洪高水位与防洪库容

当遇到下游防护对象的设计洪水时，水库为控制下泄流量而拦蓄洪水，在坝前达到的最高水位称为防洪高水位。防洪限制水位至防洪高水位之间的库容称为防洪库容。

5. 设计洪水位

水库在遇到大坝设计洪水时，在坝前达到的最高水位称为设计洪水位。

6. 校核洪水位与调洪库容和总库容

水库在遇到大坝校核洪水时，在坝前达到的最高水位称为校核洪水位。防洪限制水位至校核洪水位之间的库容称为调洪库容。校核洪水位以下的全部库容称为水库的总库容。

（二）水电站的特征水头与特征流量

随着水库的调节和水电站负荷的变化，水电站的水头和流量也是随时间的变化而变化的，通常也用特征值来表示这种变化特性。

1. 水电站的特征水头

水电站的特征水头包括最大水头 H_{max}、最小水头 H_{min} 和加权平均水头 H_{av}、H_{max}、H_{min} 和 $H_{\{av\}}$ 均可由水能计算确定。其中，加权平均水头 $H_{\{av\}}$ 是水电站出现次数最多、历时最长的水头，一般可由式（1-1）或式（1-2）确定。

$$H_{av}=\frac{\sum H_i t_i N_i}{\sum t_i N_i} \tag{1-1}$$

$$H_{av}=\frac{\sum H_i t_i}{\sum t_i} \tag{1-2}$$

式中 t_i、N_i 分别为与水头 H_i 相应的持续时间和出力。

2. 水电站的特征流量

水电站的特征流量包括最大引用流量 Q_{max}、平均引用流量 Q_{iv} 和最小引用流量 Q_{min}。这些均可根据水轮机的特性和水电站的工作出力来确定。

（三）水电站的动能参数

水电站的动能参数是表征水电站的动能规模、运行可靠程度和工程效益的指标。

1. 水电站的设计保证率与保证出力

水电站的设计保证率是指水电站正常发电的保证程度，一般用正常发电总时段与计算期总时段比值的百分数来表示。它是根据电力系统中水电容量的比重、水库调节性能、水电站规模及其在电力系统中的作用等因素而选定的。

水电站的保证出力是指水电站相应于设计保证率的枯水时段发电的平均出力。保证出力应根据径流调节计算结果所绘制的出力保证率曲线，按选定的设计保证率进行确定。

2. 水电站的装机容量

水电站的装机容量是指水电站内全部机组额定容量（铭牌出力）的总和。如丹江口水电站有 6 台机组，每台机组的单机额定容量为 150 MW，则该电站的装机容量为 900 MW。

3. 水电站的多年平均发电量

水电站的多年平均发电量是指水电站各年发电量的平均值。计算时先将应用的水文系列分为若干时段（可以是日、旬或月，视水库的调节性能和设计的需要而定），然后按照天然来水和用水进行水库调节计算和水能计算，得出逐年的发电量，再求其平均值便可得出多年平均发电量。

4. 水电站的装机年利用小时数

将水电站的多年平均发电量除以装机容量便可得出水电站的装机年利用小时数。它相当于全部装机满载运行时的多年平均小时数，是反映水电站机组利用程度的一个指标。

（四）水电站的经济指标

1. 水电站的总投资

水电站的总投资是指水电站在勘测、设计、施工安装过程中所投入资金的总和，它包括水工建筑物、水电站建筑物和机电设备的投资。

2. 水电站的单位投资

常用单位千瓦投资和单位电能投资来表示水电站投资的经济性与合理性。单位千瓦投资是指平均每 1 kW 的装机容量所需要的投资，它可由总投资除以装机容量求得；单位电能投资是指平均一年中每发 1 kW·h 电所需要的投资，它可由总投资除以多年平均发电量求得。

3. 水电站的年运行费用

水电站的年运行费用是指水电站在运行过程中每年所必须付出的各种费用的总和，它包括建筑物和设备每年所提存的折旧费、大修费和经常支出的生产、行政管理费及人员工资等。

4. 水电站的年效益

水电站的年效益是指水电站每年售电总收入扣除年运行费用后所获得的净收益。

三、水电站的基本形式

水电站开发水力资源的方式受到所开发河段地形、地质、水文等条件的制约，为此，各个水电站都需要因地制宜，选择与上述条件相适应的开发方式，由此导致不同水电站在建筑物布置形式上难免存在一定的差异，但也存在一定的共性。按照水电站建筑物布置特征的不同，一般可将水电站划分为坝式、河床式和引水式这三种典型布置形式。

（一）坝式水电站

坝式水电站建筑物的基本布置特征是坝体与电站厂房结合在一起做整体布置，电站水头的大部分或全部由坝所集中。这种形式的水电站大都修建在流量较大、坡降较小的山谷河段上。按厂房与坝体相对位置关系的不同，坝式水电站又可分为坝后式、挑越式、厂房顶溢流式及坝内式等四种形式，其中后三种均是在坝址处河谷相对狭窄、泄水建筑物布置受限等条件下，将表孔泄水坝段与厂房坝段相结合而形成的坝后式水电站的演变形式。

1. 坝后式水电站

电站厂房布置在非溢流坝段下游侧，引水管道穿过坝体引水发电，坝体与厂房之间设有伸缩缝，厂房不承受由坝体传来的荷载。如丹江口、东江等水电站均采用这种形式。坝后式水电站厂房不受泄水影响，厂内运行条件良好，在大中型水电站中应用最多。一般适用于坝址处河谷相对开阔、电站厂房坝段与泄水坝段沿坝轴线可错开布置的水电站。

2. 挑越式水电站

电站厂房布置在表孔溢流坝段下游侧，厂房外墙采用全封闭形式，坝体与厂房之间设有伸缩缝，厂房不承受由坝体传来的荷载。由于厂房外墙采用全封闭形式，因此厂房内部运行条件相对较差，目前在实际工程中应用较少。

3. 厂房顶溢流式水电站

电站厂房也布置在表孔溢流坝段下游侧，厂房屋顶与表孔挑流鼻坎结合为一体进行布置，厂房外墙采用全封闭形式，坝体与厂房之间设有伸缩缝，厂房不承受由坝体传来的荷载。由于厂房外墙采用全封闭形式，再加之汛期泄洪时兼做表孔挑流鼻坎的厂房屋顶存在脉动水压力等荷载作用，因此厂房内部的运行条件相对更差，目前在实际工程中很少采用。

4. 坝内式水电站

电站厂房布置在坝体内部，布置厂房的坝段顶部通常布置有泄水表孔。如江西上饶江、湖南凤滩等水电站均采用这种形式。由于厂房位于坝内，再加之汛期厂房上部表孔泄水运行，因此厂房内部的运行条件也相对较差，目前在实际工程中也很少采用。

（二）河床式水电站

河床式水电站建筑物的基本布置特征有：①坝相对较低，主要利用大流量进行发电，因而一般是低水头大流量的水电站；②厂房结构也起挡水作用，是挡水建筑物的一个组成部分；③一般均布置在河谷开阔的平原河段，以保证首部枢纽纵向布置的长度。

在河道的中、下游，河道坡降比较平缓，河床也相对开阔，在这些河段上用低坝开发的水电站，往往由于水头较低，通常可采用河床式水电站布置形式。河床式水电站虽然利用水头不高，引用流量却往往很大，因此这种水电站仍然可能会有很大的工作出力。

（三）引水式水电站

在山区河道上修建水电站时，一般可以利用河道转弯大、坡降陡等有利的地形条件，运用"截弯取直"原理，在河道转弯段的上游某处修建一低坝或无坝进水口，然后通过引水道（如明渠、隧洞、管道等）引水并集中落差，将水引至转弯段的下游某处，因此这种水电站被称为引水式水电站。在采用跨流域调水方式修建水电站时，一般也采用这种水电站形式。引水式水电站建筑物的基本布置特征为引水道较长（坝相应较低），水电站水头的全部（无坝引水）或大部分（有坝引水）由引水道集中。按引水道中水流流态的不同，引水式水电站又可分为有压引水式水电站和无压引水式水电站两种形式。

1. 有压引水式水电站

若在低坝（或水闸）壅水之后，采用有压引水道（如有压隧洞、压力管道）引水并集中落差时，这种水电站称为有压引水式水电站。当有压引水道较长时，为了减小其中的水锤压力和改善机组运行条件，还须在靠近厂房处设置调压室。

2. 无压引水式水电站

采用无压引水道（如渠道、无压隧洞）用明流的方式引水并集中落差的水电站称为无压引水式水电站。

四、水电站的组成建筑物

水电站一般由以下七类建筑物组成：

1. 挡水建筑物。用以拦截河流、集中落差并形成水库，如大坝或水闸等。

2. 泄水建筑物。用以宣泄洪水或放空水库等，如坝身泄水孔、溢洪道及泄洪隧洞等。

3. 水电站进水建筑物。用以将发电用水引进引水道，如有压或无压进水口。

4. 水电站引水及尾水建筑物：引水建筑物用于输送发电用水，尾水建筑物用于将发电用过的水（尾水）排入下游河道。引水式水电站的引水建筑物（引水道）还兼有集中落差、形成水头的作用。常用的引水及尾水建筑物有渠道、隧洞、管道等，有时也采用渡槽、涵洞、倒虹吸等交叉建筑物。

5. 水电站平水建筑物。用以平稳由于水电站负荷变化而在引水或尾水建筑物中所造成的流量及压力的变化，如有压引水道中的调压室、无压引水道中的压力前池等。水电站的进水建筑物、引水和尾水建筑物以及平水建筑物一般又统称为水电站输水系统。

6. 发电、变电和配电建筑物（厂房枢纽建筑物）。包括安装水轮发电机组及其控制、辅助设备的电站厂房、安装变压器的变压器场及安装高压配电装置的高压开关站。它们常集中在一起进行布置，因此又统称为厂房枢纽建筑物。

7. 其他建筑物。如过船、过木、过鱼、拦沙、冲沙等建筑物。

第二章 水电站自动化的内容

第一节 机组本体自动化系统

一、自动化元件

自动化元件配置在易于接近的地方，其刻度、指示器和铭牌清晰易读，仪表刻度范围如果没有规定，则由供货厂家根据工作条件来决定。刻度温度以℃计；压力表以 MPa 计；流量表以 m^3/s 计；效率以%计；振动以 0.001 mm 计；噪声以 dB（A）计。提供仪器仪表的全部数据，包括型式、尺寸、测量范围、电气额定值以及制造厂商的名称。铭牌应标明仪表的用途及性能。所有安装在仪表盘上的仪表在可行的范围内与其他相关仪表匹配，提供为率定和更换所需要的所有接线、截止阀、放气阀、排水阀和管道。

（一）温度检测

1. 测温电阻选用 Pt100 铂热电阻，铂热电阻长期允许通过电流不低于 8 mA，且在此电流下不影响温度检测的精度。在 0 ℃时，其电阻值为（100±0.1）Ω。在该范围内其测量精度为±0.1 ℃。

2. 测温电阻设置在能反映最高温度的位置，每个测温电阻为三线制引出，导线采用三绞线结构。导线的截面面积不大于 1.5 mm^2。

3. 定子铁芯、定子线圈采用薄片型，导轴承、推力轴承的轴瓦采用端面型，其余部位采用插入式铂电阻。

（二）液位检测

1. 投入式液位变送器、差压式变送器量程和零点连续可调。被测量的变化范围在量程的 50%~80%，最低不能小于 30%，负载阻抗不小于 500 Ω，精度不低于 0.25 级，长期稳定性为±0.25%，二线制输出标准的 4~20 mA DC 模拟量信号。压力腔、法兰、排气道和隔膜为不锈钢 316 型。管件为标准的 G1/2"，并提供安装变送器和管道的附件。

2. 液位信号器（计）动作值不大于设定值的±5%，接点寿命大于 $1×10^6$ 次，接点容量不低于 AC250 V、5 A 或 DC220 V、1 A。带有 4 对在电气上互相独立且不接地的常开常闭转换信号接点。

（三）压力、压差检测

1. 压力变送器在出厂时确定好量程，并有测试记录。被测量的变化范围在量程的 50%~80%，最低不能小于 30%，负载阻抗不小于 500 Ω，精度不低于 0.25 级，长期稳定性为 ±0.25%，两线制输出，标准的 4~20 mA DC 模拟量信号。压力腔、法兰、排气道和隔膜为不锈钢 316 型。管件为标准的 G1/2″，并提供安装变送器和管道的附件。

2. 压力、差压信号器（计）动作值不超过设定值的 ±1%，切换差不大于 5%，接点寿命大于 1×10^6 次，接点容量不低于 AC250 V、5 A 或 DC220 V、1 A。带有 4 对在电气上互相独立且不接地的常开常闭转换信号接点。

3. 压力显示控制仪选用数字式的可现地安装的仪表，能在较强振动、潮湿、温差较大的环境下稳定可靠地工作，对被测量的波动应有阻尼措施，接点动作有一定的延时，显示及控制精度不低于 1%，控制输出为独立的位式接点或切换差可调的位式接点，输出路数为 2~5 路，并带有一路两线制输出，标准的 4~20 mA DC 模拟量信号。

4. 压力表符合国家有关标准的规定。为可调节型，精度为 A 级或更高。带有直径约为 150 mm 的白色刻度盘、黑色刻度线及指针。水压力表配装有非堵塞型脉动阻尼器和仪表三通阀。

（四）流量检测

1. 流量变送器选用电磁型或旋涡型，精度不低于 0.5 级。输出标准的两线制 4~20 mA DC 模拟量信号。

2. 示流信号器是成熟的产品，带有报警接点。宜选用不带活动部件的动作可靠的热扩散式流量开关。

（五）位置传感器

位置传感器包括导叶位移传感器和桨叶角度传感器。要求选用非接触式位移传感器和角度传感器，精度为 0.5 级，应是成熟的产品，两线制输出，标准的 4~20 mA DC 模拟量信号。

（六）导叶传动机构信号装置及保护信号器

一套导叶传动机构信号装置及保护信号器，信号装置将信号送至电站计算机监控系统的机组 LCU 中。

（七） 接力器锁锭

要求接力器锁锭行程开关动作正确，并输出常开、常闭接点各 2 对。

（八） 电磁液压阀、电动执行机构

1. 电磁液压阀动作可靠，为双线圈控制通断。电磁铁提供一常开、一常闭阀位辅助无源接点。阀体上有反映阀门的打开、关闭的位置信号接点。工作电源为 DC220V，操作电流不大于 1A，功耗不大于 50W。

2. 电动执行机构包括电动阀门和阀门控制装置。电动头采用带一体化控制单元的组合式电动装置。电动机为交流，工作电源为 AC380V，三相、50Hz。有过转矩保护、电机超温保护、行程限位保护、机械限位保护、手电动自动切换、指示阀门开度的旋转刻度盘和手轮操作等功能，保护接点容量 AC220V、1A。电动阀门的电动装置除满足开阀、关阀操作的基本要求外，给用户提供一常开、一常闭阀位辅助无源接点和一常开、一常闭过转矩无源接点。

（九） 转速检测装置

转速检测装置包括齿盘式转速传感器、转速信号装置。主要性能要求如下：

1. 齿盘式转速传感器配置 2 个探头，经过脉冲放大处理后，输出 2 路转速脉冲信号，信号电平为 DC24V；一路送入调速器，另一路送入转速信号装置。

2. 转速信号装置从 1%~160% 额定转速接点 12 对，每对接点均为一开一闭转换接点，可灵活整定。其返回系数不小于 0.98~1.02，转速信号装置同时接受来自 PT 和齿盘的信号，两路信号互为备用，装置选用微机型或可编程控制器型号。

（十） 轴电流检测

轴电流检测包括轴电流互感器和一套轴电流检测装置。要求提供轴电流保护整定的具体参数。

（十一） 油混（积）水检测

油混（积）水检测包括油混（积）水探测器和一套检测装置。要求每个测点安装一个油混（积）水探测器，检测装置由每个测点的报警信号输出，报警信号为独立接点。

（十二） 火灾报警检测

机组自动灭火系统属于全厂火灾自动报警系统的一个探测区域，负责机组自动灭火系

统与火灾自动报警系统的采购和安装，并负责与全厂火灾自动报警系统的接口，满足电站火灾自动报警系统的要求。

每台机组按相关规定安装火灾探测器，探测器为感温感烟型。

二、自动化盘柜

提供的自动化盘柜并不限于以下所列，可根据工程需要提供其他的盘柜。

（一）机组测温盘（布置于发电机层）

测温盘上装有油温、瓦温、空气冷却器、冷热风温度、定子铁芯及定子线圈温度、轴电流等显示仪表。

（二）机组水力量测盘（布置于发电机层）

在量测盘上一般装有蜗壳进口压力、尾水管出口压力、水轮机净水头、水轮机过机流量等。

（三）水轮机仪表盘（布置于水轮机层）

仪表盘为板型或柜型，表盘后部有为调整和维修用的门，顶部和底部有电缆开孔。所有仪器仪表嵌装在仪表盘前门上或者是固定在仪表盘内，显示仪表安装与仪表盘齐平。在仪表盘面板上设下列显示仪表：蜗壳进口压力表及压力变送器、支持盖真空压力表、尾水管进口真空压力表、尾水管出口压力表及压力变送器、主轴密封水压力表、水轮机净水头差压变送器、水轮机过机流量差压变送器。

（四）机组制动盘（布置于发电机层）

1. 水轮发电机应设置 1 套空气操作的机械制动装置。

2. 制动系统在机组正常运行时不发生误动作。在正常停机时，当机组转速下降到 10%~20% 额定转速时投入，全部制动停机时间应小于 2 min。当紧急停机时，允许在机组转速下降到 35% 额定转速时投入，保证机组安全停机，并记录机组相应的制动停机时间。

3. 机械制动器的工作压力应取 0.5~0.7 MPa，当水轮发电机组的漏水产生的力矩等于水轮机额定转矩的 1% 时，制动装置保证机组制动停机。

4. 机械制动器可兼作液压顶起装置，在拆卸或调整、检修推力轴承时，顶起水轮发电机组旋转部分，顶起的高度不超过 15 mm。顶转子时，使用的油压额定值由厂家设计计算确定，在这样顶起时，水轮发电机所有部件无须拆卸或解开，装设锁定装置，在完全顶起或中间任何位置锁住转子，这时不需要液压顶起装置保持顶起压力。制动和顶起转子时，活塞动作灵活，压力解除后迅速自动复位。提供限位开关等保护闭锁装置以发出信号和控制油泵运转。

5. 供应每台发电机一套完善的机械制动和反向压闸系统自动和手动进气以及排气的控制柜。柜内管路（含管径）和阀门的设计应合理，以保证制动时气源压力，制动时间符合技术规范的规定。管路及附件采用不锈钢或有色金属材料。

6. 机械制动系统的控制电路采取有效的联锁及闭锁措施，制动闸块上装有投入和复位辅助接点的行程开关。

（五）机组消防盘（布置于发电机层）

1. 水轮发电机采用水灭火系统。对每台水轮发电机提供一套水喷雾灭火系统设备。

2. 灭火装置包括位于定子绕组端部的上下环管、喷头、自动阀组、管路及其附件（包括机坑外消防供水主阀外的管道直至与电站消防供水主管相连接的第一对法兰，主阀应能手动和自动操作）、火警探测装置、自动化元件及连接电缆、控制盘、端子箱等部件。

3. 喷头的布置使水雾覆盖全部定子绕组，喷头可靠锁定，不应有堵塞，且平时不应有漏水现象，便于装拆检修，并提交雾化试验报告。

4. 喷头、管路、探测器等部件采用非磁性材料制成。探测器采取屏蔽措施，以防止电磁干扰。探测器的数量和安装位置能检测机壳内任一位置的火情并报警。在试验时要便于安装和拆卸。

5. 水灭火系统的供水压力为 0.5MPa，最末端的喷雾头连接处压力达到 0.35MPa。

6. 每个喷雾头喷出的水应形成雾状，当进水压力为 0.35MPa，在距离喷嘴 0.3m 处取样时，水滴平均直径为 0.3mm 左右。

7. 水轮发电机灭火系统按火灾自动报警和手动启动灭火装置设计。水轮发电机火灾报警系统在火灾探测器各自单独动作时只发报警信号，其中 2 个不同原理探测器同时动作时作用停机并可延时启动自动灭火装置。探测器在动作后，能自动复归。

8. 机组自动灭火系统为全厂火灾自动报警系统的一个探测区域，负责与全厂火灾自动报警系统的接口，并满足电站火灾自动报警系统的要求。

（六）水轮机端子箱（布置于水轮机层）

水轮机部分的所有用于温度、液位测量、报警和开关位置显示等信号，均引线接至端子箱内。用户的对外界面均在端子箱上。

（七）发电机端子箱

发电机部分的所有用于温度、液位测量、报警和开关位置显示等信号，均引线接至端子箱内。用户的对外界面均在端子箱上。

（八）顶盖排水控制箱（布置于水轮机层）

顶盖上设置可靠的排水措施，有自流排水和机械排水设施。其中，自流排水管管径不小于 DN100 mm，机械排水包括至少 3 台立式潜水泵（1 台工作、1 台检修、1 台备用），水泵的流量及扬程能满足在最高尾水位下排除密封漏水的需要。水泵与配件必须是抗腐蚀材料；顶盖排水泵布置在顶盖上，设永久性管路。立式潜水泵、水位开关、水位传感器、水泵控制和保护箱以及从水泵至机坑内壁之间的连接管道、阀门、管件和水位开关、传感器及水泵控制保护箱的电缆等均由厂家提供。顶盖排水系统采用 PLC 控制。

（九）吸尘装置控制箱（布置于发电机层）

为防止由制动摩擦产生的粉末污染定子和转子绕组，并应装设吸尘装置。粉尘收集装置应由静电过滤器、吸风机、管路、仪表及控制设备等组成。粉尘收集装置收集的粉尘应能方便从收集盒中清除。提供一个能手动和自动操作的控制箱。制动投入时，自动启动粉尘收集系统，制动器复位后经延时自动停止。

第二节 电站辅助设备控制系统

一、调速器油压装置控制设备

（一）100 MW 机组调速器油压装置控制设备（4 套）

每台机组调速器油压装置控制设备由 1 面启动盘和 1 面控制盘组成，具体控制内容和要求如下（有关 I/O 点数仅供参考）。

1. 控制对象

油压装置共有油泵 3 台，分别为 1 台 18.5 kW 的小泵、2 台 75 kW 的大泵。每台泵对应 1 个电磁卸荷阀、1 套补气装置及测量元件。

2. 控制方式

当设在手动控制方式时，通过控制盘上的按钮完成设备的手动控制；当设在自动控制方式时，将按设定程序和油位自动完成控制。手动控制不通过 PLC 装置完成。

设有主/备用泵切换开关，完成主/备用泵的设定轮换，既可随机组启停轮换，也可定时切换。在启动柜、控制柜设有油泵等设备的启动元件和控制元件，并可进行故障信号显示、故障信号复归等。

3. 控制要求

小泵为正常调节时工作，大泵为大波动调节时工作。2 台大泵互为备用，轮换启动。当油压过高时，启动该泵相应的电磁卸荷阀。

（1）压力油罐油压控制

油压过高——报警并启动相应的卸荷阀；

油压降低——开小泵；

油压低——开主泵；

油压过低——开备泵；

事故低压——停发电机；

油压正常——停 3 台泵，停补气。

（2）油位控制

压力罐油位过高——报警；

压力罐油位正常——停补气；

回油箱油位升高——报警；

压力罐油位升高，且油压下降——开补气；

压力罐油位过低——报警；

回油箱油位降低——报警。

4. PLC 的 I/O 点数

DI：40；DO：40；AI：4；AO：4。

5. 与机组 LCU 通信

主要有（但不限于此）：PLC 退出运行；电源消失；每台油泵投入时信号；油泵故障信号；控制方式自动/手动；补气装置电动阀动作；回油箱油位报警；回油箱油混水信号器动作；回油箱液压控制阀组动作；回油箱油位；压力罐油位、油压；管路油压。

（二）20 MW 机组调速器油压装置控制装置（1 套）

调速器油压控制装置由 1 面启动控制盘组成，具体控制内容和要求如下（有关 I/O 点数仅供参考）。

1. 控制对象

油压装置共有 2 台 15 kW 的油泵。每台泵对应 1 个电磁卸荷阀、1 套补气装置及测量元件。

2. 控制方式

每台油泵设有手动/自动切换开关，完成手动控制方式和自动控制方式的切换。当设在手动控制方式时，通过控制盘上的按钮完成设备的手动控制；当设在自动控制方式时，将按设定程序和油位自动完成控制。手动控制不通过 PLC 装置完成。

设有主/备用泵切换开关，完成主/备用泵的设定轮换，既可随机组启停轮换，也可定时切换。在启动柜、控制柜设有油泵等设备的启动元件和控制元件，并可进行故障信号显示、故障信号复归等。

3. 控制要求

2 台泵互为备用，轮换启动。当油压过高时，启动该泵相应的电磁卸荷阀。

（1）压力油罐油压控制

油压过高——报警并启动相应的卸荷阀；

油压低——开主泵；

油压过低——开备泵；

事故低压——停发电机；

油压正常——停泵，停补气。

（2）油位控制

压力罐油位过高——报警；

压力罐油位正常——停补气；

回油箱油位升高——报警；

压力罐油位升高，且油压下降——开补气；

压力罐油位过低——报警；

回油箱油位降低——报警。

4. PLC 的 I/O 点数

DI：40；DO：40；AI：4；AO：4。

5. 与机组 LCU 通信内容

主要有（但不限于此）：PLC 退出运行；电源消失；每台油泵投入时信号；油泵故障信号；油、水中断故障信号；控制柜的控制方式自动/手动；补气装置电动阀动作；回油箱油位报警；回油箱油混水信号器动作；回油箱液压控制阀组动作；回油箱油位；压力罐油位、油压；管路油压。

二、机组技术供水控制装置

(一) 100 MW 机组技术供水控制装置 (4 套)

1. 控制对象（每台机）

(1) Ⅰ期控制对象

供水总管电动蝶阀 5 个、轴封供水电磁阀 2 个、压力变送器 2 个、温度变送器 1 个、示流信号器 5 个；滤水器 2 台，每台滤水器前后各 1 个电动蝶阀（共 4 个）、排水管电动蝶阀 1 个。

(2) Ⅱ期将增加的控制对象

加压泵 2 台（每台 160 kW）、尾水冷却器出口电动蝶阀 1 个、水池补水管电动蝶阀 1 个；水池循环回水电动蝶阀 1 个、循环水池水位计 1 个。

2. 控制方式

设有非汛期/汛期切换开关，完成非汛期控制方式和汛期控制方式的切换，设在不同控制方式时将由不同控制程序完成供水。

每台设备设有手动/自动切换开关，完成手动控制方式和自动控制方式的切换。当设在手动控制方式时，通过控制盘上的把手式按钮完成设备的手动控制；当设在自动控制方式时，将按设定程序自动完成控制。手动控制不通过 PLC 装置完成。

设有主/备用泵切换开关，完成主/备用泵的设定轮换，既可随机组启停轮换，也可定时切换。在启动柜、控制柜上设有 1#～2# 水泵等设备的启动元件和控制元件，并可进行故障信号显示、故障信号复归等。

3. 控制要求

(1) 非汛期运行

采用蜗壳取水，运行的供水设备包括：5 个供水总管电动蝶阀（阀 5～阀 9）、2 个轴封供水电磁阀（阀 13、阀 14）、2 个压力变送器、1 个温度变送器、5 个示流信号器（上导、空冷器、下导、水导、轴封供水管示流）；2 台滤水器，每台滤水器前后各 1 个电动蝶阀（阀 1～阀 4）、排水管电动蝶阀（阀 10）。

机组开机继电器动作，选择工作滤水器，打开工作滤水器前后阀（阀 1、阀 3 或阀 2、阀 4），打开阀 5、阀 6（阀 9）、阀 8（阀 7）、阀 10，供水总管压力和温度正常，上导、空冷器、下导、水导供水管示流正常；否则切换到备用滤水器，打开阀 14 轴封冷却水管压力和示流正常；否则打开阀 13，关闭阀 14。

每台滤水器自带有 PLC 控制箱，完成滤水器前后压差自动排污或运行中定时排污（压差及排污时间可现场整定）及故障报警功能，并能将状态和故障信号送入技术供水控制装置。技术供水控制装置可控制滤水器前后阀门，实现滤水器选择。根据对运行滤水器的信号及供水总管上的压力信号监测，当滤水器出现故障时，自动打开备用滤水器的前后阀，并关闭故障滤水器的前后阀。

每次开机备用滤水器和供水阀 6、阀 8 或阀 9、阀 7 分别轮换工作。

（2）汛期运行

采用循环水池取水，运行的供水设备包括：5 个供水总管电动蝶阀（阀 5～阀 9）、2 个轴封供水电磁阀（阀 13、阀 14）、2 个压力变送器、1 个温度变送器、5 个示流信号器（上导、空冷器、下导、水导、轴封供水管示流）；2 台加压泵（每台 160 kW）、1 个尾水冷却器出口电动蝶阀（阀 12）、1 个水池补水管电动蝶阀（阀 15）；1 个水池循环回水电动蝶阀（阀 11）、循环水池水位计 1 个。

机组开机继电器动作，选择工作加压泵，启动工作加压泵，打开尾水冷却器出口电动蝶阀 12，打开阀 5、阀 6（阀 9）、阀 8（阀 7）、阀 11，供水总管压力和温度正常、上导、空冷器、下导、水导供水管示流正常；否则切换到备用加压泵，打开阀 14 轴封冷却水管压力和示流正常；否则，打开阀 13，关闭阀 14。

监测循环水池水位，当水位到 859.10 m 时打开阀 15，水位到 860.60 m 时关闭阀 15，水位到 858.80 m 时发循环水池水位低报警，水位到 860.90 m 时发循环水池水位高报警。

每次开机轮换加压泵和供水阀 6、阀 8 或阀 9、阀 7。

4. PLC 的 I/O 点数

DI：40；DO：40；AI：4。

5. 与机组 LCU 通信

主要有（但不限于此）：PLC 退出运行；控制电源消失信号；各水泵运行信号；各轴承冷却水示流信号；各电动阀门的位置信号；控制方式自动/手动信号；主/备用泵运行信号；非汛期/汛期运行信号；电动滤水器的故障信号及运行小时数统计；供水系统压力信号和温度信号；循环水池水位信号及报警信号。

（二）20 MW 机组技术供水控制装置（1 套）

1. 控制对象

（1）Ⅰ期控制对象

供水总管电动蝶阀 5 个、轴封供水电动蝶阀 2 个、压力变送器 2 个、温度变送器 1 个、示流信号器 5 个；滤水器 2 台，每台滤水器前后各 1 个电动蝶阀（共 4 个）、排水管电动蝶阀 1 个。

（2）Ⅱ期将增加的控制对象

加压泵 2 台（每台 55 kW）、尾水冷却器出口电动蝶阀 1 个、水池补水管电动蝶阀 1 个；水池循环水电动蝶阀 1 个、循环水池水位计 1 个。

2. 控制方式

设有非汛期/汛期切换开关，完成非汛期控制方式和汛期控制方式的切换，设在不同控制方式时将有不同控制程序完成供水。

设有手动/自动切换开关，完成手动控制方式和自动控制方式的切换。当设在手动控制方式时，通过控制盘上的按钮完成设备的手动控制；当设在自动控制方式时，将按设定程序自动完成控制。手动控制不通过 PLC 装置完成。

设有主/备用泵切换开关，完成主/备用泵的设定轮换，既可随机组启停轮换，也可定时切换。在启动柜、控制柜应设有 1#~2# 水泵等设备的启动元件和控制元件，并可进行故障信号显示、故障信号复归等。

3. 控制要求

（1）非汛期运行

采用蜗壳取水，运行的供水设备包括：5 个供水总管电动蝶阀（阀 5～阀 9）、2 个轴封供水电磁阀（阀 13、阀 14）、2 个压力变送器、1 个温度变送器、5 个示流信号器（上导、空冷器、下导、水导、轴封供水管示流）；2 台滤水器，每台滤水器前后各 1 个电动蝶阀（阀 1~阀 4）、排水管电动蝶阀（阀 10）。

机组开机继电器动作，选择工作滤水器，打开工作滤水器前后阀（阀 1、阀 3 或阀 2、阀 4），打开阀 5、阀 6（阀 9）、阀 8（阀 7）、阀 10，供水总管压力和温度正常，上导、空冷器、下导、水导供水管示流正常；否则，切换到备用滤水器，打开阀 14，轴封冷却水管压力和示流正常；否则，打开阀 13，关闭阀 14。

每台滤水器自带有 PLC 控制箱，根据滤水器前后压差自动排污及运行中定时排污（压差及排污时间可现场整定），并具有故障报警功能，能将状态和故障信号送入技术供水控制装置。技术供水控制装置可控制滤水器前后阀门，实现滤水器选择。根据对运行滤水器的信号及供水总管上的压力信号监测。当滤水器出现故障时，自动打开备用滤水器的前后阀，并关闭故障滤水器的前后阀。

每次开机备用滤水器，供水阀 6、阀 8 或阀 9、阀 7 分别轮换工作。

（2）汛期运行

采用循环水池取水，运行的供水设备包括：5 个供水总管电动蝶阀（阀 5～阀 9）、2 个轴封供水电动蝶阀（阀 13、阀 14）、2 个压力变送器、1 个温度变送器、5 个示流信号器（上导、空冷器、下导、水导、轴封供水管示流）；2 台加压泵（每台 55 kW）、1 个尾水冷却器出口电动蝶阀（阀 12）、1 个水池补水管电动蝶阀（阀 15）；1 个水池循环水电动蝶阀（阀 11）、循环水池水位计 1 个。

机组开机继电器动作，选择工作加压泵，启动工作加压泵，经延时，打开尾水冷却器出口电动蝶阀 12，打开阀 5、阀 6（阀 9）、阀 8（阀 7）、阀 11，供水总管压力和温度正常，上导、空冷器、下导、水导供水管示流正常；否则，切换到备用加压泵，打开阀 14，轴封冷却水管压力和示流正常；否则，打开阀 13，关闭阀 14。

监测循环水池水位，当水位到 859.90 m 时打开阀 15，水位到 860.90 m 时关闭阀 15，水位到 859.60 m 时发循环水池水位低报警，水位到 861.20 m 时发循环水池水位高报警。

每次开机轮换加压泵和供水阀 6、阀 8 或阀 9、阀 7。

4. PLC 的 I/O 点数

DI：40；DO：40；AI：4。

5. 与机组 LCU 通信

主要内容有（但不限于此）：PLC 退出运行；控制电源消失信号；各水泵运行信号；各轴承冷却水示流信号；各电动阀门的位置信号；控制方式自动/手动信号；主/备用泵运行信号；非汛期/汛期运行信号；电动滤水器的故障信号及运行小时数统计；供水系统压力信号和温度信号；循环水池水位信号及报警信号。

三、低压压缩空气系统集中控制装置

（一）控制对象

低压空气压缩机控制系统的监控对象为：空气压缩机 3 台，电机容量 15 kW，每台空气压缩机上装有满足单台空气压缩机运行保护的自动化元件。设有贮气罐 3 个，在制动贮气罐出口总管上装有 1 个压力变送器（1 YB），用于将制动气压上传到集中控制控制盘。

在检修贮气罐出口总管上装有 3 个电接点压力表（1 JY~3 JY），用于空气压缩机启动和停机及报警。

（二）控制方式

设有手动/自动切换开关，完成手动控制方式和自动控制方式的切换。当设在手动控制方式时，可在触摸屏上完成设备的手动控制，还可通过控制盘上的按钮完成设备的手动控制；当设在自动控制方式时，将按设定程序自动完成控制。

设有主/备用空气压缩机切换开关，完成主/备用泵的设定轮换，既可随启停次数轮换，也可定时切换。在控制盘上设有控制元件，并可进行故障信号显示、故障信号复归等。

（三）控制要求

1. 初次充气：第一次向贮气罐充气，把空气压缩机控制开关切换到手动方式，用操作按钮启动空气压缩机，当贮气罐压力达到 0.8 MPa 时，检修贮气罐送气管上的电接点压力表 1 JY 接点接通，空气压缩机自动停机，此时将空气压缩机控制开关切换到自动方式。

2. 工作空气压缩机启动、停止：当任何一贮气罐的压力降低至 0.65 MPa 时，电接点压力表 1 JY 接点接通，启动 1 台工作空气压缩机向贮气罐补气。当压力恢复至 0.8 MPa 时，检修贮气罐送气管上的电接点压力表 1 JY 接点接通，空气压缩机停止运行。

3. 备用空气压缩机启动、停止：当任何一贮气罐的压力降低至 0.65 MPa 时，如果工作空气压缩机仍不启动或启动后贮气罐压力还继续下降，当压力降低至 0.6 MPa 时，电接点压力表 2 JY 接点接通，启动备用空气压缩机向贮气罐补气。当压力恢复至 0.8 MPa 时，电接点压力表 2 JY 接点接通，停止备用空气压缩机运行。在此情况下，PLC 应发出报警并显示故障的设备及故障种类，同时送出工作空气压缩机故障信号。

4. 贮气罐压力过高、过低报警：当任何一贮气罐的压力降低至 0.6 MPa，若工作空气压缩机及备用空气压缩机因故障原因均不能启动补气，或虽启动补气但贮气罐压力继续降低至 0.55 MPa 以下时，电接点压力表 3 JY 接点接通，PLC 应发出报警信号并显示故障设备和故障类型，并将报警信号上送。当任何一贮气罐的压力升高至 0.82 MPa 时，若工作空气压缩机及备用空气压缩机由于故障原因不能停机而仍向贮气罐供气，电接点压力表 3 JY 接点接通，PLC 应发出报警信号，此时采用手动按钮关闭空气压缩机。PLC 现地显示故障设备及故障类型，并将报警信号上送。

（四）PLC 的 I/O 点数

DI：30；DO：30；AI：2；AO：2。

（五）与公用 LCU 通信

内容包括：PLC 运行状态、电源监视、每台低压空气压缩机运行状态及时间、气压高低报警信号、控制方式、总管气压等。

通信方式：采用 I/O 和总线方式，通信介质为电缆及屏蔽双绞线。

四、中压压缩空气系统集中控制装置

（一）控制对象

中压空气压缩机控制系统的监控对象为：空气压缩机 3 台，电机容量 22.5 kW，每台空气压缩机上装有满足空气压缩机运行保护的自动化元件。在贮气罐出口总管上装有 3 个电接点压力表（1 JY~3 JY）用于空气压缩机启动和停机及报警，在贮气罐后油压装置供气总管上装有 1 个压力变送器（1 YB），用于将调速系统气压上传到集中控制控制盘。

（二）控制方式

设有手动/自动切换开关，完成手动控制方式和自动控制方式的切换。当设在手动控制方式时，可在触摸屏上完成设备的手动控制，还可通过控制盘上的按钮完成设备的手动控制；当设在自动控制方式时，将按设定程序自动完成控制。

设有主/备用空气压缩机切换开关，完成主/备用泵的设定轮换，既可随启停次数轮换也可定时切换。在控制盘上设有控制元件，并可进行故障信号显示、故障信号复归等。

（三）控制要求

1. 初次充气：第一次向贮气罐充气，把空气压缩机控制开关切换到手动方式，用操作按钮启动空气压缩机，当贮气罐压力达到 6.3 MPa 时，供气管上的电接点压力表 1 JY 接点接通，空气压缩机自动停机，此时将空气压缩机控制开关切换到自动方式。

2. 工作空气压缩机启动、停止：当任何一贮气罐的压力降低至 6.1 MPa 时，电接点压力表 1 JY 接点接通，启动一台工作空气压缩机向贮气罐补气。当压力恢复至 6.3 MPa 时，贮气罐送气管上的电接点压力表 1 JY 接点接通，空气压缩机停止运行。

3. 备用空气压缩机启动、停止：当任何一贮气罐的压力降低至 6.1 MPa 时，如果工作空气压缩机仍不启动或启动后贮气罐压力还继续下降，当降低至 6.0 MPa 时，则电接点压力表 2 JY 接点接通，启动备用空气压缩机向贮气罐补气。当压力恢复至 6.3 MPa 时，电接点压力表 2JY 接点接通，停止备用空气压缩机运行。在此情况下，PLC 发出报警并显示故障的设备及故障种类，同时将空气压缩机故障信号上送。

4. 贮气罐压力过高、过低报警：当任何一贮气罐的压力降低至 6.0 MPa，若工作空气压缩机及备用空气压缩机因故障原因均不能启动补气，或虽启动补气但贮气罐压力继续降低至 5.8 MPa 以下，电接点压力表 3 JY 接点接通，PLC 应发出报警信号并显示故障设备和故障类型，同时将报警信号上送。当任何一贮气罐的压力升高至 6.5 MPa，若工作空气压缩机及备用空气压缩机由于故障原因不能停机而仍向贮气罐供气，电接点压力表 3 JY 接点接通，PLC 应发出报警信号并上送，此时采用手动按钮关闭空气压缩机。PLC 现地显示故障设备及故障类型。

（四）PLC 的 I/O 点数

DI：30；DO：30；AI：2；AO：2。

（五）与公用 LCU 通信

内容包括：PLC 运行状态、电源监视、每台中压空气压缩机运行状态及时间、气压高低报警信号、控制方式和总管气压等。

通信方式：采用 I/O 和总线方式，通信介质为电缆及屏蔽双绞线。

五、厂内检修排水控制装置

（一）控制对象

厂内检修排水设有 3 台水泵，每台水泵电机容量为 160 kW。

每台水泵润滑供水管路上设有 1 个电磁阀，共 3 个；每台水泵润滑供水管路及水泵出水管路上各设有 1 个示流信号器，共 6 个。

检修集水井设有 2 个不同原理的水位计，输出 4~20 mA 水位信号。

（二）控制方式

每台泵设有手动/自动切换开关，完成设备手动控制和自动控制方式的切换。当设在手动控制方式时，通过控制盘上的按钮完成设备的手动控制；当设在自动控制方式时，将按水位值和设定程序自动完成控制。手动控制不通过 PLC 装置完成。

设有主/备用泵切换开关，完成主/备用泵的设定轮换，既可随启停次数轮换，也可按定时轮换。在启动柜、控制柜上应设有 1#~3# 水泵等设备的启动元件和控制元件，并可进行故障信号显示、故障信号复归等。

（三）控制要求

每台水泵电机设 1 台软启动器。所有水泵启动前先启动电磁阀，给水泵加润滑水，延时 2 min，当润滑水示流信号正常时，投入水泵运行，水泵出口示流信号应正常，若水泵出口示流信号不正常，应停泵并发报警信号；当水泵停运后关闭电磁阀，切断润滑水。每次初始排水时，手动启动 3 台水泵，初始排水完成后，水泵的运行转为由水位自动控制，1 台工作、2 台备用。

当检修集水井水位为 836.5 m 时→1 台工作水泵启动→当水位为834.5 m 时→停水泵。

当检修集水井水位为 836.8 m 时→第 1 台备用泵启动并发报警信号→当水位为 834.5 m 时→停水泵。

当检修集水井水位为 837.1 m 时→第 2 台备用泵启动并发报警信号→当水位为 834.5 m 时→停水泵。

（四）PLC 的 I/O 点数

DI：30；DO：30；AI：4；AO：4。

（五）与公用 LCU 通信

内容包括：PLC 运行状态、电源监视、每台水泵运行状态及时间、水位高报警信号、控制方式和集水井水位等。

通信方式：采用 I/O 和总线方式，通信介质为电缆及屏蔽双绞线。

六、厂内渗漏排水控制装置

（一）控制对象

厂内渗漏排水设有 3 台水泵，每台水泵电机容量为 132 kW；每台水泵润滑供水管路上设有 1 个电磁阀，共 3 个；每台水泵润滑供水管路及水泵出水管路上各设有 1 个示流信号器，共 6 个；渗漏集水井（2#渗漏集水井）设有 2 个不同原理水位计，输出 4~20 mA 水位信号。

（二）控制方式

每台泵设有手动/自动切换开关，完成设备手动控制和自动控制方式的切换。当设在手动控制方式时，通过控制盘上的按钮完成设备的手动控制；当设在自动控制方式时，将按水位值和设定程序自动完成控制。手动控制不通过 PLC 装置完成。

设有主/备用泵切换开关，完成主/备用泵的设定轮换，既可随启停次数轮换，也可按定时轮换。在启动柜、控制柜上应设有 1#~3#水泵等设备的启动元件和控制元件，并可进行故障信号显示、故障信号复归等。

（三）控制要求

每台水泵电机设 1 台软启动器。所有水泵启动前先启动电磁阀，给水泵加润滑水，延时 2 min，当示流信号正常时，投入水泵运行；当水泵出口示流正常后，延时 5 min 后，关闭电磁阀切断润滑水。

当渗漏集水井水位为 840.5 m 时→2 台工作水泵启动→当水位为 834.5 m 时→停水泵。

当渗漏集水井水位为 840.8 m 时→再启动 1 台备用泵并发报警信号。

（四）PLC 的 I/O 点数

DI：30；DO：30；AI：4；AO：4。

（五）与公用 LCU 通信

内容包括：PLC 运行状态、电源监视、每台水泵运行状态及时间、水位高报警信号、控制方式和集水井水位等。

通信方式：采用 I/O 和总线方式，通信介质为电缆及屏蔽双绞线。

七、11#~19#坝段渗漏排水控制装置

11#~19#坝段渗漏排水控制由 1 面启动盘和 1 面控制盘组成。具体控制内容和要求如下（有关 I/O 点数仅供参考）。

（一）控制对象

11#~19#坝段渗漏排水设有 3 台水泵，每台水泵电机容量为 75 kW；每台水泵润滑供水管路上设有 1 个电磁阀，共 3 个；每台水泵润滑供水管路及水泵出水管路上各设有 1 个示流信号器，共 6 个；渗漏集水井（1#渗漏集水井）设有 1 个水位计，输出 4~20 mA 水位信号。

（二）控制方式

当设在手动控制方式时，通过控制盘上的按钮完成设备的手动控制；当设在自动控制方式时，将按水位值和设定程序自动完成控制。手动控制不通过 PLC 装置完成。

设有主/备用泵切换开关，完成主/备用泵的设定轮换，既可随启停次数轮换，也可按定时轮换。在启动柜、控制柜应设有 1#~3#水泵等设备的启动元件和控制元件，并可进行故障信号显示、故障信号复归等。

（三）控制要求

每台水泵电机设 1 台软启动器。所有水泵启动前先启动电磁阀，给水泵加润滑水，延时 2 min，当示流信号正常时，投入水泵运行；当水泵出口示流正常后，延时 5 min 后，关闭电磁阀切断润滑水。

当渗漏集水井水位为 850.5 m 时→2 台工作水泵启动→当水位为 845.0 m 时→停水泵。

当渗漏集水井水位为 850.8 m 时→1 台备用泵启动并发报警信号。

（四）PLC 的 I/O 点数

DI：30；DO：30；AI：4；AO：4。

（五）与公用 LCU 通信

内容包括：PLC 运行状态、电源监视、每台水泵运行状态及时间、水位高报警信号、控制方式和集水井水位等。

通信方式：采用 I/O 和总线方式，通信介质为电缆及屏蔽双绞线。

八、下游灌浆廊道渗漏排水控制装置

下游灌浆廊道渗漏排水控制由 1 面启动盘和 1 面控制盘组成。具体控制内容和要求如下（有关 I/O 点数仅供参考）。

（一）控制对象

11# ~ 19# 坝段渗漏排水设有 3 台水泵，每台水泵电机容量为 37 kW；每台水泵出水管路上各设有 1 个示流信号器，共 3 个；每台水泵前设有 1 个电磁阀，共 3 个；每台水泵前后各设有 1 个示流信号器，共 6 个；渗漏集水井（3#渗漏集水井）设有 1 个水位计，输出 4~20 mA 水位信号。

（二）控制方式

每台泵设有手动/自动切换开关，完成设备手动控制和自动控制方式的切换。当设在手动控制方式时，通过控制盘上的按钮完成设备的手动控制；当设在自动控制方式时，将按水位值和设定程序自动完成控制。手动控制不通过 PLC 装置完成。

设有主/备用泵切换开关，完成主/备用泵的设定轮换，既可随启停次数轮换，也可按定时轮换。在启动柜、控制柜应设有 1# ~ 3# 水泵等设备的启动元件和控制元件，并可进行故障信号显示、故障信号复归等。

（三）控制要求

每台水泵电机设 1 台软启动器。水泵的运行由水位自动控制，2 台工作、1 台备用。
当渗漏集水井水位为 835.5 m 时→2 台工作水泵启动→当水位为 832.9 m 时→停水泵。
当渗漏集水井水位为 835.8 m 时→1 台备用泵启动并发报警信号。

（四）PLC 的 I/O 点数

DI：30；DO：30；AI：4；AO：4。

（五）与公用 LCU 通信

内容包括：PLC 运行状态、电源监视、每台水泵运行状态及时间、水位高报警信号、
控制方式和集水井水位等。

通信方式：采用 I/O 和总线方式，通信介质为电缆及屏蔽双绞线。

第三节　继电保护系统

一、概述

（一）继电保护系统设备配置

1. 220 kV 线路保护装置 4 套组盘 4 面（两侧各 2 面）；

2. 220 kV 母线保护及断路器失灵保护装置 4 套组盘 4 面（两侧各 2 面）；

3. 厂内电能表盘 2 面（两侧各 1 面）；

4. 关口电能表盘 2 面（两侧各 1 面）；

5. 电能量计费系统 2 套（两侧各 1 套）；

6. 220 kV 故障录波装置 2 套组盘 2 面（两侧各 1 面）及 100 MW 发电机组故障录波装
置 4 套组盘 4 面；

7. 主变压器保护装置 10 套组盘 15 面；

8. 发电机保护（含励磁变压器保护）装置 9 套组盘 9 面；

9. 保护及故障录波信息管理子站 2 套（两侧各 1 套）；

10. 安全自动装置 2 套（两侧各 1 套）。

（二）装置基本要求

本节所提出的要求适用于每一套装置或每一面柜及其相互之间的配合要求，同时，每一套装置或每一面柜分别满足其特定的要求。

1. 装置符合继电保护可靠性、选择性、灵敏性和速动性的要求，整机性能指标要求优良，装置长期运行可靠，具有较强的抗干扰能力。

2. 系统不设置单独的接地网，接地线连接电站的接地网，接地电阻小于 1 Ω。

3. 所有保护装置均采用微机型保护装置，多 CPU 方式。保护用直流电源为 220 V。

4. 系统的硬件和软件应连续监视，如硬件有任何故障或软件程序有任何问题应立即报警。

5. 柜中的插件应具有良好的互换性，以便检修时能迅速地更换。

6. 每套装置具有标准的试验插件和试验插头，以便对各套装置的输入及输出回路进行隔离或通入电流、电压进行试验。

7. 每套装置保护出口回路中应有连接片，以便在运行中能够分别断开，防止引起误动。出口继电器接点容量大于 5 A、DC220 V。

8. 各套装置与其他设备之间采用光电耦合和继电器接点进行连接，不应有电的直接联系。

9. 系统具有良好的人机界面，具有至少 10 in 液晶显示屏，触摸屏选用施耐德或优于它的产品，具有实时运行参数显示功能。保护定值更改能安全方便地在屏前进行。

10. 装置满足设备保护范围的要求，每一种保护都应有较宽的整定范围，并能无级调节。

11. 保护装置主保护整组动作时间不大于 25 ms。

12. 装置具有故障记录功能及故障录波功能，并配有打印机接口。同时，提供相应的分析软件，通过分析软件可分析保护内部各元件的动作过程。

13. 每套装置具有 GPS 对时功能，能接收脉冲对时信号。

14. 每套装置提供以下接口：具有 RS232 接口，可与 PC 机相连，该接口用于保护的整定和读出事件、故障数据和测量值。各装置应具有 RS485 通信接口，完成与保护及故障信息系统通信，通信规约为 IEC60870-5-103。保护装置具有至少 3 组信号及故障接点输出。信号输出接点至少满足下列要求：带自保持信号接点用于动作保护，无自保持信号接点用于发信号。带自保持的中央信号接点的开断容量应大于 30 W，复归按钮装置在屏上适当位置，以便于运行人员操作。当电流电源消失时，该接点能维持在闭合状态，只有当运行人员复归后，该接点才能复归，信号还能够远方复归。

15. 保护装置在发生下列情况之一时，不应发生误动现象：直流电源的投、切或其电压在80%~115%波动时；直流回路一点接地时；保护继电器元件故障时；电力系统发生震荡时；电压互感器二次回路断线时；电流互感器二次回路开路时；机组开机、停机时；大气过压及电磁波干扰时；保护装置通、断电时等。

二、220 kV 线路保护的要求

（一）保护配置

220 kV 线路配置双套完全独立的数字式分相电流差动保护（包括完整独立的后备保护）。每套分相电流差动保护分别设置在1面独立的保护柜中。

每套保护装置均含重合闸功能，2套重合闸均采用一对一启动和开关位置不对应启动方式。

1面保护柜配置为：1套光纤分相电流差动主保护、后备保护及重合闸装置，1台分相操作箱及1台交流打印机。保护通道采用专用光纤芯方式。

另1面保护柜配置为：1套光纤分相电流差动主保护、后备保护及重合闸装置，交流打印机1台。保护通道采用复用光纤通道方式。

（二）保护装置要求

1. 保护装置采用微机型。每个电流采用回路应能满足 $0.1I_n$ 以下适用要求：在 $(0.05 \sim 20)I_n$ 或者 $(0.1\sim40)I_n$ 时，测量误差不大于5%。保护装置的采用回路适用 A/D 冗余结构，采样频率不应低于1 000 Hz。

2. 每套保护装置除传送保护信息外，至少能同时传递2个远方信号，设备之间的连接使用光电耦合或继电器接点连接。

3. 保护采用快速动作，功率消耗小，性能完善，并可满足光纤直连的要求。

4. 线路在空载、轻载、满载等各种条件下，在保护范围内发生金属性和非金属性的各种故障（包括单相接地短路、两相接地短路、两相不接地短路、三相短路及复合故障、转换性故障等）时，保护能正确动作。

5. 保护范围外部正方向或反方向发生金属性或非金属性故障时，装置不应误动。

6. 外部故障切除、外部故障转换、故障功率突然倒向、系统操作及通道切换等情况下，保护不应误动作。

7. 非全相运行时，无故障不应误动，若健全相又发生任一种类型故障，能正确地瞬时动作跳三相。

8. 手动合闸或自动重合闸于故障线路上时，可靠瞬时三相跳闸；手动合闸或自动重合闸于无故障线路上时，可靠不动作。

9. 当本线全相或非全相振荡时，无故障应可靠闭锁保护装置。如发生区外故障或系统操作，装置可靠不误动。如在本线路发生故障，除电流差动保护外，允许以短延时切除故障，并且延时可以调整。重合到永久性故障，装置应迅速可靠切除故障；重合到无故障线路，不动作。保护装置中一般应设置不经震荡闭锁的保护段。

10. 保护装置有容许 100 Ω 故障电阻的能力，供方提供最大允许的故障电阻资料。

11. 每套速断主保护应有独立的选相功能，选相元件应保证在各种条件下正确选择故障相，非故障相选相元件不应误动。

12. 装置应具有单相和三相跳闸逻辑回路。跳开一相后，相继故障或重合到永久故障跳开三相。

13. 单相接地故障时单相跳闸，所有其他故障时三相跳闸。

14. 保护装置在电压互感器次级断线或短路时不应误动作，这时应闭锁有电压输入的保护，并发出告警信号。

15. 保护装置在电流互感器次级开路时（一相或二相开路），不应误动作，并发出告警信号。

16. 距离保护具有瞬时跳闸的第一段，它在各种故障情况下的暂态和稳态超越应小于 5% 整定值。

17. 距离继电器不应采用随故障种类进行电流电压回路切换的方式，且每一段有独立的阻抗元件。

18. 保护装置保证出口对称三相短路时可靠动作，同时保证反方向出口经小电阻故障时动作的正确性。

19. 保护装置能可靠启动失灵保护，直到故障切除，线路电流元件返回为止。

20. 距离保护 I 段的动作时间近故障端应不大于 20 ms；电流差动保护不大于 30 ms。

21. 保护装置返回时间（从故障切除到装置跳闸出口接点返回），应不大于 30 ms，电流差动保护不大于 60 ms。

22. 保护装置技术规范满足长线路弱电源的要求。阻抗元件的最小工作电压不大于 0.25 V；阻抗元件的最小工作电流不大于 0.11mA。

23. 各装置整定值安全，方便在屏前更改。

24. 在保护柜中装设 1 只控制开关，当通道检修时用来退出纵联保护。主保护与后备保护能分别用压板退出。

25. 线路保护满足主接线需要的跳闸接点、单相重合闸及三相重合闸启动输出接点、断路器分相启动失灵接点、闭锁重合闸接点等的输出。

（三）分相电流差动保护要求

分相电流差动保护装置具有比率制动特性，在两侧启动元件和本侧差动元件同时动作才允许差动保护出口。

线路两侧分相电流差动保护装置互相传输可供用户征订的通道识别码，并对通道识别码进行校验，校验出错时告警并闭锁差动保护。

分相电流差动保护装置应具有通道告警监视功能，实时记录并累计丢帧、错误帧等通道状态数据，通道严重故障时告警。

装置具有一定的录波功能。

装置的测距误差应小于 2%。

差动保护适应两侧 TA 变比不同。

TA 饱和不能影响差动保护的动作行为。

交流电压引入回路应经 ZKK 开关。

（四）操作箱的功能要求

1. 操作箱具有断路器的 2 组跳闸三相跳闸回路、2 组跳闸分相跳闸回路及 1 组分相合闸回路，跳闸具有自保持回路。操作箱内的保护三跳继电器分别有启动失灵、启动重合闸的 2 组三跳继电器（TJQ）；启动失灵、不启动重合闸的 2 组三跳继电器（TJR）；不启动失灵、不启动重合闸的 2 组三跳继电器（TJF）。

2. 操作箱具有手跳、手合输入回路。有重合闸输入回路。

3. 操作箱具有断路器重合闸压力闭锁回路、断路器的防跳、跳合闸压力闭锁。压力异常、三相位置不一致宜设置在断路器就地机构箱内。

4. 操作箱设有断路器合闸位置、跳闸位置和电源指示灯。

5. 操作箱设有断路器合闸位置、跳闸位置和操作电源监视回路，操作箱跳、合闸回路及跳、合闸监视回路要分别引上端子。

6. 操作箱具有远方复归回路，远方复归回路要引上端子。

7. 两组操作电源的直流空气开关设在所在屏（柜）上。操作箱中不设置两组操作电源的自动切换回路，公用回路采用第一组操作电源。

（五）数字接口的技术要求（用于复用通道）

1. 数字接口能满足光纤通信电路传输继电保护信号的要求。

2. 数字接口满足光纤型通道，传输速率：2 Mb/s，输入阻抗 75 Ω，DC-48 V。

3. 继电保护装置对光纤通道的误码应有可靠的防护措施，确保通道传输发生误码时，不造成保护误动，对通道误码率要求不应小于 1×10^{-4}。

4. 数字接口与光纤通信复用设备相连符合 CCITT 建议的 G703 同向接口条款。

5. 在通信机房设置 1 面光电转换接口柜，直流电源 48 V，为每个光电转换接口装置配接独立的直流空气开关。柜体尺寸：2260 mm×600 mm×600 mm。

6. 保护与光电转换及数字接口的连接要求采用光纤连接。随柜并按供货范围提供带接头尾纤。

7. 光电转换及数字接口与光纤终端设备之间要求采用同轴电缆连接。

三、220 kV 母线保护的要求

220 kV 母线一侧为双母线，一侧为单母线接线，均采用双重化保护配置共 4 套，具有自适应能力，可适应母线的不同变比及各种运行方式。微机母线保护包括电流差动保护、断路器失灵保护及复合电压闭锁回路等。交流输入电流：1 A；交流输入电压：100 V，每套主保护和后备保护共用 1 组电流互感器，要求如下。

1. 保护装置必须正确反映母线上区内外的各种类型的故障。在特殊情况下，正确动作：空充母线、相继故障、死区故障、母联开关失灵、区内故障时某一开关拒动以及区外故障转为区内故障等，在这些情况下，保护装置应能可靠快速切除故障，并尽可能缩小切除范围。

2. 保护装置对各种类型的区外故障不应由于电流互感器的饱和以及短路电流中的暂态分量而误动。

3. 保护装置能适应电流互感器变比不一致的情况，对电流互感器的特性不应有特殊要求。

4. 保护装置能适应被保护母线的各种运行方式。

5. 在双母线上所连接的元件倒闸操作过程中保护装置不应误动作，如在倒闸操作过程中发生故障保护装置正确动作（应有互联压板）。

6. 如果双母线上发生相继故障时，保护装置能正确相继切除故障母线。

7. 区外故障及投入主变压器产生励磁涌流时，保护装置在此稳态及暂态的干扰下不应误动。

8. 装置的各跳闸回路应与低电压、零序电压和负序电压的闭锁回路接点一一对应，母联及分段断路器的跳闸回路不串电压闭锁回路接点。各跳闸回路分别装设跳闸压板，采用双跳闸出口。

9. 装置具备防止交流回路断线及元件或逻辑回路异常时产生的误动作，并均发出告警信号。保护装置动作、闭锁元件动作、直流消失、装置异常、充电保护动作等除均发中央信号外，给事件记录和远动遥测提供相应接点。

10. 直流电源在 85%～110% 内保护装置正确动作，直流回路接地时，保护装置不应误动。直流电源纹波系数不大于 2% 时，装置正确工作。

11. 每套装置有自己的直流熔断器或进口快速小开关（直流特性），并与装置安装在同一柜上。直流电源回路出现各种异常情况（如短路、断线、接地等）装置不应误动，拉合直流电源以及插拔熔丝发生重复击穿的火花时，装置不误动。

12. 保护不应在进行倒闸操作时由于母联 TA 的负担不平衡造成错判 TA 断线，闭锁母差。

13. 保护具有远传功能，要求带有本地和远方通信接口，以实现就地和远方查询故障和保护信息等，所采用的通信规约应具有通用性和标准化。并要求保护采用 IRIG-B 码（RS485）对时，对时误差小于 1 ms。应提供通信规约（含自定义部分），并提供必要的技术支持。装置提供至少 1 个独立的以太网接口和 1 个 RS 485 接口，规约采用 DL/T 667—1999 继电保护设备信息接口配套标准（IEC 60870-5-103）。1 个 RS 485 接口用于监控系统（至监控系统的保护信息应含有保护投退、重合闸投退及保护定值修改的功能），1 个以太网接口用于保护及故障信息远传系统（应上传保护动作报告的所有信息）。

14. 母线保护在外部故障穿越电流周期分量为 30 倍的额定电流时保护不应误动作。

15. 交流电压引入回路经 ZKK 开关。

16. 母线保护设置独立的"解除失灵保护电压闭锁"的开入接点。当该连接元件启动失灵保护开入接点和"解除失灵保护电压闭锁"的开入接点同时动作后，能自动实现解除该连接元件所在母线的失灵保护电压闭锁。

17. 母线保护具备 TA 电流自封功能。

四、关口电能计量系统

（一）关口电能计量系统概况

为适应厂网分开后市场经济的需要，满足计费主站对关口电能量计量的要求，同时满足电厂对所发电量及上网电量、下网电量进行监视，在水电站装设 1 套关口电能计量系统，包括关口电度表（柜）、电能量远方终端及传输设备等。电能量远方终端采集各关口电度表的电量信息，通过网络方式向电能计费主站系统传送，同时向现场显示终端设备传送。现场显示终端设备（可与关口电能计量系统配套，也可和电厂网络监控等系统公用显示终端）用于电厂内部电量核算，完成关口电量的统计、报表等功能。关口电度表须符合关口电度表选型的要求。

（二）关口点设置

水电站电能量计量关口点为：2 条 220 kV 线路侧，关口点电度表按 1+1 配置，0.2S 级。另外，为了满足厂内计量考核的需要，在 5 台机主变高压侧和发电机出口装设考核用关口电度表，1+0 配置，0.2S 级。

本期关口电度表共 14 块。

（三）电量传输方式及传输规约

1. 向计费主站采用网络传输方式。

2. 进行电能量计量系统厂站端和主站端的联调，并保证电能量信息的准确传送。

（四）关口电度表（柜）功能及性能要求

1. 关口电度表具有分时电量累计功能，并具备面板显示功能。

2. 可计费主站传送带时标的正向有功、反向有功、正向无功、反向无功。

3. 关口电度表精度分别为 0.2S 级。应采用三相四线接线方式。

4. 关口电度表至少应有 2 个 RS485 数据输出和脉冲输出 2 种接口。

5. 要求关口电度表远传的为表底值。

6. 计费主站可修改关口电度表的运行参数，如峰、谷、平的时段设置等。

7. 能接收电厂网络监控系统（NCS）GPS 对时信号，能定时与计费主站进行时间同步。

8. 当通道故障恢复后，能自动或应主站召唤将数据及附带时标补传。

9. 具有在当地或远程（主站）加载数据库及修改数据参数的功能。

10. 具有与电能量远方终端及其他智能设备接口的能力。

11. 关口电度表也可以与手持式电度量读入器、抄表机等通信。

12. 当表计所接线路 PT 回路断电或通道故障，表计不能传送数据时，电度表能保存至少 7 d 的数据。

13. 关口电度表应满足多通道、多通信协议及数据网络传输要求，具有主、备通道通信功能。主、备通道可采用不同的传输速率。

14. 具备电压失压计时和告警功能。

(五) 电能量远方终端功能要求

电能量远方终端（电能累计量采集设备）具有对电能量进行采集、数据处理、分时存储、长时间保存、远方传输及与其他智能设备的接口等功能。可完成电能量自动抄表，实现电能量远方计量。

1. 采集电能量（数字或脉冲形式）向远方传送，并能对 4 种或以上不同费率进行标记。

2. 失电后能长期存储电能量数据信息。

3. 具有分时段，即按尖、峰、谷、平不同时段存储电能量数据信息的功能。

4. 能符合不同调度端、不同采集周期的计费数据要求。

5. 交直流冗余的双电源供电，互为热备。

6. 可记录并报告开机时间、关机时间、各模块工作情况、电源故障、参数修改记录等状态信息及事件顺序记录，并可进行远方查询和当地查询。

7. 具有对时功能，能与主站或与全球定位系统 GPS 对时。

8. 具有程序自恢复功能。

9. 具有设备自诊断（故障诊断到插件级）和接受远方诊断的功能及声或光的故障报警。

10. 能适应电话通道、专线通道和数据网络等多种通信方式，对于电话通道有软件拨号。

11. 具有密码设计和权限管理功能，防止非法操作。

12. 具有当地或远方参数设置功能。

13. 支持多种电子式电度表，支持多种规约。

14. 支持在线换表，修改配置。

15. 支持便携电脑现场抄录数据。

16. 具有与 2 个及以上主站通信的功能，向主站传送的所有数据和信息均带有时标。

17. 要求电源和各类通道出入口具有防雷、防过电压措施。

18. 可与电厂其他系统（网络监控系统等）的显示设备接口，实现关口电能量的当地显示、统计、报表等功能。

(六) 电能量远方终端性能要求

1. 接入电子式电度表数量应不小于 64 块。

2. 电度量采集存储周期 1~60 min 可调。在失电情况下，电能量数据和参数能准确保存 7 d 以上。

3. 存储容量：32 MB 及以上，可升级。

4. 交流电源：220 V±20%，50 Hz；直流电源：220 V/110 V±20%。

5. 电能量的误差不大于±1 个脉冲输入。

6. 脉冲输入回路：采用光电隔离及抗电磁干扰电路。

7. 脉冲宽度：大于 10 ms。接口电平：DC0~24 V，0~48 V。

8. 串行编码数据输入：采用 RS485 或 RS232 接口。

9. 适应不同的通道网络结构（点对点、星形、多点共线等）及传输速率。传输规约应符合 DL/T 719 的规定。

10. 具有 4 种及以上费率。24 h 内至少具有 8 个可以任意编程划分的时段。

11. 平均无故障工作时间（MTBF）不低于 50000 h。

12. 日计时误差不大于 0.5 s/d。

第四节　控制保护用辅助电源系统

一、供货范围

直流系统设备包括交流配电单元、整流充电单元、监控单元、直流馈电单元、绝缘监测单元、阀控式密封铅酸蓄电池、电池监测单元及逆变装置等。

系统供货范围如下：

1. 整流充电盘 2 面：包括交流配电单元、整流充电单元、监控单元等。

2. 直流主负荷盘 2 面：包括绝缘监测单元及主直流断路器等。

3. 交直流负荷盘 7 面：包括绝缘监测单元、直流断路器及交流断路器等。

4. 阀控式密封铅酸蓄电池 2 组及电池监测单元 2 套。

5. 逆变电源装置盘 1 面。

6. 备品备件。

7. 专用仪器仪表及工具。

二、系统基本性能要求

1. 直流系统电压为 220 V，由 2 组阀控式密封铅酸蓄电池组成。当厂用电源出现事故时，事故负荷持续时间按 1 h 计算，蓄电池容量为 600 Ah。

2. 电池组不带端电池，正常时应按浮充电方式运行。直流系统采用单母线分段接线，在每段母线上各接 1 套整流充电装置及 1 组蓄电池，同时 2 条母线再备用 1 套整流充电装置。为防止 2 组蓄电池并联运行，2 段母线连接处应考虑闭锁措施。

3. 要求直流系统的整流单元、电池监测单元、绝缘监测单元均与监控单元通信，然后通过监控单元的通信接口与电站计算机监控系统通信。通信内容主要包括各设备事故、故障量及主回路的状态量，通信接口为 RS485，规约符合电站计算机监控系统的要求。

4. 蓄电池组、充电装置、直流母线联络开关和直流断路器等要求有开关量信号输出；直流母线Ⅰ、Ⅱ段应装设变送器输出 4~20 mA 电压模拟量，3 套充电装置回路应装设变送器分别输出 4~20 mA 电流模拟量，I/O 量应符合规定。

5. 根据所要求供货的设备，应提供组屏方案。

三、主要设备性能要求

（一）交流配电单元

交流配电单元的主要功能是：将每个整流充电装置外接的 2 路交流电源［380 V（1±15%），50 Hz（1±5%）三相四线］，分配给各个充电模块，并实现 2 路交流电源的自动切换。在交流回路应设有过电压保护器，应有效防止感应雷击和过电压的冲击，保障充电模块内部的电路不受损害。

（二）整流充电单元

1. 基本功能

（1）完成 AC/DC 转换：一方面给电池充电，另一方面给经常性负载提供电源。充电模块可以在自动和手动两种工作方式下工作。可以将充电模块的运行数据上报到监控单元和接受监控单元的控制命令。

（2）采用电力用高频开关整流电路：满足充电、浮充电以及所连负荷的长期连续工作，同时还应有一定的过载能力，可自动均流、带电插拔，应具有稳流、稳压及限流性能。

（3）采用数字控制技术：能按照不同蓄电池的充电特性曲线要求实现从开机到主充、均充、浮充电全过程自动转换，可以检测蓄电池的容量，自动进入浮充-均充-浮充状态随环境温度的变化能自动修正浮充电压值。

（4）采用恒压方式进行浮充电：浮充电时，严格控制单体电池的浮充电压上下限，防止蓄电池因充电电压过高或过低而损坏。

（5）有自启动功能：启动瞬间无电压、电流过充现象。具有交流保护（交流过压、欠压、缺相）、直流输出保护及模块过温保护等功能。

（6）主要事故和故障信号应有开关量输出，其输出接点容量为 DC220 V/5 A。

（7）高频开关电源模块应为 20 A，采用 $N+1$ 模式，每套浮充电装置为 7 个模块。要求高频开关模块不带风扇。

（8）高频开关电源模块为进口知名厂家生产的性能优良的产品。

2. 基本性能

（1）均流：在多个模块并联工作状态下运行时，各模块承受的电流应能做到自动均分负载，实现均流；在 2 台及以上模块并联运行时，其输出直流电流为额定值时，均流不平衡度应不超过 ±5% 额定电流值。

（2）功率因数：应不小于 0.90。

（3）谐波电流含量：在模拟输入端施加的交流电源符合标称电压和额定频率要求时，在交流输入端产生的各高次谐波电流含有率应不大于 30%。

3. 技术参数

稳压精度	≤±0.5%
稳流精度	≤±1%
纹波系数	≤0.5%
效率	≥90%
噪声	<55 dB
交流输入	380 V（1±15%）50 Hz（1±5%）三相四线
直流输出	220 V（1±2%）
额定电流	每套 120 A（共 3 套）
输出电压范围	198~286 V DC
稳流调整范围	0~100 %（额定负载电流）

稳压工作时，当充电电流超过设定值的 105% 时，自动进入限流充电状态；稳流方式运行时，能根据电池组的电压自动转入稳压运行，防止过电压；蓄电池逆变放电至终止电压时，自动停止放电。

（三）监控单元

监控单元是电源系统的控制管理核心，采用分散测量控制和集中管理，即整流模块、绝缘装置、电池巡检以及配电监控等单元均通过各自的 CPU 完成数据的现地处理和告警功能，然后通过通信方式将数据送入监控单元，进行数据管理和对外通信。

监控模块以 CPU 为核心，主频不低于 30 MHz，扩展存储器包括 EPROM、ROM、EEP-ROM 以分别存储各种数据。应有硬件看门狗电路以提高模块的可靠性。须多个扩展串口实现多个下级设备的连接，配有人机对话、键盘连接接口、打印机接口及可输出告警干接点。软件设计应采用面向对象的编程方法，程序运行软件和系统配置数据分别处理，并配有不小于 10 in 液晶显示器，全汉化显示操作简便。监控系统能显示模拟系统原理和流程，显示系统当前状况及触点同断后动态变化的画面，并提供 RS485 通信口与其他设备通信。

（四）微机绝缘监测单元

绝缘监测单元能正确区分母线及每分支线路接地或绝缘电阻低于整个值，并能同时分辨出 2 条线路接地故障；在线巡检绝缘支路绝缘状况并显示。

具有完善的自检、自调试功能，显示并记录接地支路编号母线、母线极性、电阻值及发生时间。

有接地报警、欠压报警、过压报警接点信号输出接点容量为 DC220 V/5 A，并具有通信接口；具备直流母线电压监察功能，显示并记录母线电压值（测量误差不大于整定值的 0.5%）。

屏幕采用汉字显示，操作方便。

绝缘监测单元共配 8 套，每个监测支路数应不小于 48 路。

（五）交直流负荷单元

1. 主直流负荷盘 2 面，直流母线每段配置 12 个直流断路器，共有 24 个直流断路器，容量分别为 160 A2 路、100 A16 路、50 A6 路，配 1 套微机绝缘监测装置。主直流负荷盘布置在直流盘室。

2. 1#~4# 机旁交、直流负荷盘 4 面，要求每块盘从主直流负荷盘的每段直流母线分别引直流电，在各交、直流负荷盘形成 2 段直流母线，每段配置 16 个直流断路器，共 32 个直流断路器，容量分别为 50 A2 路、10A6 路、6 A24 路。并在每面负荷盘配 1 套微机绝缘监测装置。另外，配置 18 路单相交流断路器，其中，6 路容量为 10 A，12 路容量为 6 A，接受厂用电 2 段母线的电源输入，输入电压为 380 V，容量为 15 kVA，并配置双电源切换装置；机旁交直流负荷盘分别布置在发电机层上游侧。

5# 机旁交直流负荷盘 1 面，要求每块盘从主直流负荷盘的每段直流母线分别引直流电，在交直流负荷盘形成 2 段直流母线，每段配置 16 个直流断路器，共 32 个直流断路器，容量分别为 30 A2 路、10 A6 路、6 A24 路，并配 1 套微机绝缘监测装置。另外，配置 18 路单相交流断路器，其中，6 路容量为 10 A，12 路容量为 6 A，接受厂用电 2 段母线的电源输入，输入电压为 380V、容量为 15kVA，并配置双电源切换装置；此盘布置在 5# 发电机层上游侧。

3. GIS 交直流负荷盘 1 面，要求从主直流负荷盘的每段直流母线分别引直流电，在交直流负荷盘形成 2 段直流母线，每段配置 16 个直流断路器，共 32 个直流断路器，容量分别为 10 A26 路、6 A6 路，并配 1 套微机绝缘监测装置。另外，配置 18 路单相交流断路器，其中，6 路容量为 10 A，12 路容量为 6 A，接受厂用电 2 段母线的电源输入，输入电压为 380 V，容量为 15 kVA，配置双电源切换装置；GIS 交直流负荷盘布置在 GIS 室。

4. 继保室交直流负荷盘 1 面，要求从主直流负荷盘的每段直流母线分别引直流电在交直流负荷盘形成 2 段直流母线，每段配置 16 个直流断路器，共 32 个直流断路器，容量分别为 10 A26 路、6A6 路，配 1 套微机绝缘监测装置。另外，配置 18 路单相交流断路器，容量均为 10 A，接受厂用电 2 段母线的电源输入，输入电压为 380 V、容量为 15 kVA，配置双电源切换装置；继保室交直流负荷盘布置在继电保护盘室。

5. 系统配置上下级熔断器的熔体之间额定电流值应保证 2~4 级级差，电源端选上限，末端选下限。蓄电池组总熔断器与分熔断器之间应保证 3~4 级级差。

6. 所有断路器应采用具有自动脱扣功能的直流断路器，各直流断路器容量只是暂定。直流断路器应为 ABB、施耐德或西门子的产品。

（六）阀控式密封铅酸蓄电池

1. 每节蓄电池的性能参数如下：

标准电压　　　　　　　　　　　　2 V

浮充电压　　　　　　　　　　　　2. 23~2. 27 V

额定电流放电 1 h 后终端　　　　　电压 1. 80 V（不低于）

均充电压　　　　　　　　　　　　2. 30~2. 40 V

2. 电池应具有较长的使用寿命，性能应稳定可靠，常温下蓄电池寿命应大于 15 年（25 ℃）。

3. 电池应具有过充及过放能力，并适用于浮充工作制。

4. 应能承受大电流放电、深循环放电及充电周期大于 1 200 次。

5. 在常温下自放电率，电池每月自放电小于额定容量的 3%。

6. 对蓄电池室应不需要特殊的通风设备，为支架式水平方式布置。

（七）电池监测单元

能在线监测单体电池的电压和告警。可设置告警限，适应不同电池厂家的电池及不同的使用环境等条件。

故障信号接点输出容量为 DC220 V/5 A，具有通信接口；能在线监测蓄电池充放电曲线；能监测蓄电池放电安时数；蓄电池故障或异常时，能显示蓄电池序号及单个电池电压。

每组电池配温度传感器对电池的均浮充电压进行温度补偿。

（八）逆变电源装置盘

逆变电源装置盘用于事故照明。

容量：30 kVA。

正常运行时，逆变器处于离线工作模式，供给负载电源。

交流输入：380 V（1±15%）三相四线或单相 220 V（1±15%），50 Hz（1±5%）。

直流输入：220 V（1-10%），220 V（1+5%）。

交流输出：380 V（1±3%），50 Hz（1±0.1%），三相四线制，正弦波。

输出谐波畸变：小于 5%。

电源切换时间：小于 5 ms。

逆变效率：大于 90%。

第三章　水轮发电机的自动控制技术

第一节　水轮发电机励磁的自动调节

一、自动调节励磁装置的作用

励磁系统的主要任务是为发电机的励磁绕组提供一个可靠的励磁电流，励磁电流在运行中需要经常进行调节。调节励磁电流的必要性以及自动调节励磁装置的主要作用如下：

（一）维持发电机的端电压

发电机的空载电势 E_q、端电压 U_f 及负荷电流 I_1 之间有如下关系

$$E_q = U_f + jI_f X_d \tag{3-1}$$

式中 X_d ——发电机的纵轴同步电抗。

$$E_q \cos\delta = U_f + I_w X_d \tag{3-2}$$

式中 δ —— E_q 与 U_1 间的相位差；

I_w ——发电机的无功电流。

在正常情况下，δ 比较小，即 $\cos\delta \approx 1$，故可近似认为

$$E_q \approx U_f + I_w X_d \tag{3-3}$$

式（3-3）说明，无功负荷电流是造成发电机端电压下降的主要原因，I_w 越大，U_f 下降越多。当励磁电流不变时，发电机的端电压随无功电流的增大而降低，故在发电机运行中，随着发电机负荷电流的变化，必须调节励磁电流来使发电机端电压恒定。

（二）控制无功功率的分配

1. 无功功率的调节。当发电机并列于电力系统运行时，输出的有功功率取决于从原动机输入的功率，输出的无功功率则和励磁电流有关。为方便分析，可认为发电机并联在无穷大容量电源的母线上运行，显然，此时改变发电机的励磁电流将不会引起母线电压 U_x 变动。假如调速器不改变水轮机导叶的开度，且忽略发电机的凸极效应（即 $X_d = X_q$），则发电机满足如下关系：

$$P = \frac{E_q U_f}{X}\sin\delta = 常数 \tag{3-4}$$

$$P = U_f I_f \cos\varphi = 常数 \tag{3-5}$$

式中 φ ——发电机的功率因数角；

δ ——发电机的功率角；

P ——发电机发出的有功功率。

2. 无功功率的分配。保证并联运行发电机间无功功率的合理分配是励磁调节系统的重要功能。为此，调节装置应给出适当的调节特性，一般用机端电压调差率来表示调节装置的调差特性。

（1）电压调差率。发电机机端电压调差率是指无功补偿器投入、同步发电机在功率因数等于零的情况下，无功功率从零变化到额定定子电流时发电机端电压的变化。发电机无功负载从零变化到额定值时，用百分数表示的发电机机端电压变化率由式（3-6）计算：

$$\delta_T = \frac{U_{fo} - U_{fe}}{U_{fe}} \times 100\% \tag{3-6}$$

式中 U_{fo} ——发电机空载电压；

U_{le} ——发电机额定无功负载时的电压。

（2）控制无功功率的合理分配。如果发电机经变压器并列于高压侧母线，因为变压器有较大的电抗，要求发电机有负的调差。负调差的作用是补偿无功电流在升压变压器上形成的压降，从而使电站高压母线电压更加稳定。

以上问题都可以通过调整励磁的自动调节装置，改变电压调差率来实现无功功率的合理分配来解决。

（三）提高输送功率，有利于系统静稳定运行

$$P = \frac{E_q U}{X_{d\Sigma}}\sin\delta + \frac{U^2}{2}\left(\frac{1}{X_{q\Sigma}} - \frac{1}{X_{d\Sigma}}\right)\sin2\delta \tag{3-7}$$

式中 $X_{d\Sigma}$、$X_{q\Sigma}$ ——包括外电路电抗的发电机纵轴、横轴总电抗；

E_q ——发电机同步电势有效值；

U ——电力系统电压有效值；

δ ——发电机功率角。

（四）提高系统暂态稳定

提高励磁系统的强励能力，通常被看作是提高电力系统暂态稳定性的最经济和最有效

的手段之一。

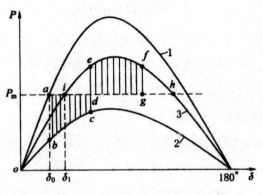

图 3-1　暂态稳定性等面积定则

很明显，为了保持暂态稳定，应尽量减小加速面积，增大减速面积。以上是发电机励磁电流不变时的情形。若在发生短路的同时，快速增加发电机的励磁电流，则特性曲线 1、2、3 都会相应提高。这样，既减小了加速面积，又增加了减速面积，对提高系统的暂态稳定是非常有利的。其有效性取决于自动调节励磁装置强励顶值电压倍数和强励电压上升速度。

不难看出，加快继电保护动作时间、输电线路采用快速自动重合闸成功，使其恢复到故障前的功角特性，以及减小联系阻抗（如采用串联电容补偿）等，都会使功角特性提高，有利于系统的暂态稳定。

（五）其他作用

自动调节励磁装置除上述作用外，还有以下作用：

1. 当电力系统发生短路时，对发电机进行强励，加大了电力系统的短路电流而使继电保护的动作灵敏度得到提高。强励也同时改善电网中异步电动机的自启动条件。

2. 在机组甩负荷、转速升高、发电机出现危险的过电压时，自动调节励磁装置能迅速发挥强行减磁作用，减小励磁电流，限制过电压。

二、调节励磁电流

（一）调节励磁电流的方法和自动调节装置的类型

调节励磁电流的方法和使用的自动调节装置一般有如下几种：

1. 改变励磁机励磁回路的电阻

改变发电机的励磁电阻，一般不直接在其转子回路中进行，这是因为该回路电流很大，不便于进行直接调节。通常采用的方法是改变励磁机的励磁电流，以达到调节发电机转子电流的目的。这种调节方法一般用在有直流励磁机的发电机上。

用于改变 R_m 阻值的 AVR 过去多用机电型的调节装置，由于这种调节装置有转动部分，不灵敏，有失灵区，动作慢，无法满足现代电力系统的需要，现已被淘汰。

随着可控硅元件的广泛应用，在原有机电型调节装置的基础上又出现了可控硅直流开关式的调节装置。这种调节方法用的可控硅元件一般串联在励磁机励磁回路中，也可并接在磁场变阻器 R_m 上。AVR 通过控制可控硅开和关的间歇，改变励磁机励磁回路的等值电阻值，从而起到调节励磁电流的作用。调节装置对可控硅的控制有"定频调宽"和"定宽调频"两种。前者是固定可控硅每秒开关的次数而调节其导通时间的长短；后者则是可控硅导通时间的长短固定不变，但每秒的开关次数（即频率）是可调节的。

2. 改变励磁机的附加励磁电流

AVR 接在发电机出口的电压和电流互感器上，它输出附加励磁电流至励磁机的励磁绕组。发电机电压、电流或功率因数变化时，AVR 将自动改变附加励磁电流的数值，从而改变发电机的励磁电流。自动调节励磁装置 AVR 也可做成只反映电压变化或电流变化的装置。

励磁机的励磁绕组可以是一个，也可以有两个，后者有一个绕组专供附加励磁电流使用。采用两个绕组可减小 AVR 的输出容量，但励磁机磁场的结构要复杂一些。一个绕组的情况正好相反，AVR 的容量要大些，但励磁机磁场的结构无须做任何改动。由于可控硅有很高的放大系数，输出容量大的问题不难解决，所以随着可控硅 AVR 的大量使用，同一个绕组的方案日益增多，这种方法一般也用于具有直流励磁机的发电机上。

用于自动调节附加励磁电流的 AVR 一般采用电磁型装置，它主要由各种电磁元件构成。后面将要介绍的这种调节装置没有失灵区，可提高并联运行发电机工作的稳定性，因而被广泛采用。由于电磁型 AVR 的电源取自电压和电流互感器，输出功率较小，调节能力不足，故一般须与继电强行励磁装置配合使用。

3. 改变可控硅的导通角

AVR 根据发电机电压、电流或功率因数的变化，相应地改变可控硅整流器的导通角，发电机的励磁电流随之改变。

调节装置通常采用半导体型 AVR，这是一种主要由晶体管、可控硅等电子元件构成的自动调节装置，具有灵敏、快速、无失灵区、输出功率大、体积小和重量轻等优点。同时，在事故情况下能有效地抑制发电机的过电压和实现快速灭磁。近年来生产的大型水轮发电机，几乎全部采用这种调节装置。这种调节装置多用在采用他励和自励静止励磁的发电机上，具有直流励磁机的发电机也可采用。

此外，对于前述交流侧并联的自复励方式，调节装置则通过控制饱和电抗器的饱和程度来调节发电机的励磁电流。

以上各种调节装置又可分为比例式和强力式两种，前者是使发电机的励磁电流按机端电压、电流或角度偏差进行比例式调节，目前国内采用的多数 AVR 属于这一种；后者则是按上述参数的一次或二次微分或其他变量进行强力式调节，这种装置对提高系统稳定性有较好效果。

（二）自动调节励磁装置的构成

在相位复式励磁和可控硅调节装置使用之前，水电站的 AVR 主要由复式励磁、电压矫正器、继电强行励磁及继电强行减磁等部分组成。上述这些装置及手控装置与发电机的转子回路、励磁机回路及灭磁装置等，共同构成了发电机的励磁系统。也就是说，自动调节励磁装置是发电机励磁系统的一个组成部分。

自动调节励磁装置一般由测量单元、放大单元、调差单元、稳定单元、限制单元及一些辅助单元构成。被测量信号（如电压、电流等）经测量单元变换后与给定值相比较，然后将比较结果（偏差）经前置放大单元和功率放大单元放大，并用于控制励磁机的励磁电流或控制可控硅的导通角，以达到调节发电机励磁电流的目的。调差单元的作用是使并联运行的发电机能稳定和合理地分配无功负荷。稳定单元是为了改善电力系统的稳定而引进的单元。励磁系统稳定单元则用于改善励磁系统的稳定性。限制单元是为了使发电机不致在过励磁或欠励磁的条件下运行而设置的。

必须指出，并不是每一种自动调节励磁装置都具有上述各种单元。一种调节装置所具有的单元，与其担负的具体任务有关。

三、自动调节励磁装置的任务和对调节装置的基本要求

（一）自动调节励磁装置的任务

最初使用 AVR 是为了维持发电机的端电压在给定的范围内，因此，当时称之为自动电压调整器。如前所述，AVR 的作用要广泛得多，它对提高电力系统运行的稳定性起着重要作用。在现代电力系统中，发电机的 AVR 担负如下任务：

1. 维持发电机端或系统中某一点的电压水平并且合理分配各机组的无功负荷。正常运行时，随着发电机电压、电流或功率因数的变化，AVR 将相应地调节发电机的励磁电流，以保持发电机端电压为额定值或维持系统中某点的电压于一定水平。同时，利用 AVR 改变发电机的励磁电流，可使发电机间的无功负荷得到合理分配。

2. 提高电力系统运行的稳定性和输电线路的传输能力。如前所述，灵敏而又快速动作的调节装置可大大提高运行的静态稳定和输电线路的传输能力。在故障情况下，AVR 通过提高励磁电压，可使励磁电流上升到比额定值大得多的数值（即强励），从而改善暂态稳定性。这是现代自动调节励磁装置的主要任务。

3. 提高带时限动作继电保护的灵敏度。系统发生短路时，由于调节装置将强行增加励磁电流，使短路电流增大，故相应继电保护的灵敏度可得到提高。由于调节装置的动作和励磁电流的增大需要一段时间，因此只能对延时动作继电保护的灵敏度产生影响。

4. 加速短路切除后的电压恢复过程和改善异步电动机的启动条件。发生短路时，由于电压下降，大多数电动机被制动。短路切除后，随着电压的上升，电动机将开始自启动。由于启动电流较大，电压恢复较慢，又反过来影响自启动过程的完成。发电机装有 AVR 后，由于它能提高发电机电压，因而可缩短电动机的自启动时间，避免过多地影响用户工作，并使电力系统较快地恢复正常运行状态。

5. 改善自同期或发电机失磁运行时电力系统的工作条件。发电机自同期并列或因失磁而转入异步运行时，将从系统吸收大量的无功功率，使系统电压下降，严重时甚至可能导致系统瓦解。在这种情况下，装有 AVR 的其他发电机将自动加大励磁电流，以提高系统电压，弥补系统中无功功率的不足。这样可改善发电机的自同期并列或异步运行时的条件，并可减少对用户工作的影响。

6. 防止水轮发电机突然甩负荷时电压过度升高。机组由于各种原因突然甩负荷时，随着转速上升，发电机定子回路的电压可能上升到危险的程度。由于水轮发电机一般均装有强行减磁装置，可以在机组突然甩负荷时减小励磁电流，故可防止电压过度升高。

（二）对自动调节励磁装置的基本要求

为了完成上述任务，自动调节励磁装置应满足下列要求：

1. 有足够的输出容量。AVR 的容量既要满足正常运行时调节的要求，又要满足发生短路时强磁的要求。正常运行时，应能按要求自动而平稳地调节励磁电流，以维持电压不变，并稳定地分配机组间的无功负荷；发生短路时，应能迅速地将发电机的励磁电流加大到顶值，实现强行励磁作用，以提高系统运行的稳定性。

2. 工作可靠。AVR 装置本身发生故障，可能迫使发电机停机，甚至可能对电力系统造成严重影响，故要求其工作应十分可靠。

3. 动作迅速。如前所述，AVR 动作的快慢与系统的稳定问题密切相关，因此要求其反应速度要快。水电站往往经长距离输电线路与系统的负荷中心连接，此时，采用快速动作的调节装置对改善系统的稳定性和提高输送容量具有重要意义。AVR 的反应速度既与装置本身的元件和电路有关，又与励磁机的时间常数有关。对于具有励磁机的励磁方式而言，他励励磁机的时间常数小于自励励磁机的时间常数。

4. 无失灵区。没有失灵区的 AVR 有助于提高静态稳定。此外，要求装置应简单，运行维护和调整实验应方便。

四、继电强行励磁、强行减磁和自动灭磁

（一）继电强行励磁

发生短路时，电力系统和水电站的电压可能大幅度降低。此时，为保证系统稳定运行和加快切除故障后的电压恢复，应使发电机的励磁电流迅速加大到顶值，即实现强行励磁。一般具有直流励磁机的发电机，若调节装置本身的强励作用不够，即须加装专门的继电强行励磁装置。采用可控硅整流的他励和自励发电机，通常可不再设置专门的继电强行励磁装置。

为了防止电压互感器熔断器熔断时强励装置误动作，采用两只低电压继电器的接点串联，而线圈则接入不同的互感器。同样，为避免在发电机投入系统以前或事故跳闸以后强励装置误动作，在强励接触器的线圈回路中串联有断路器的辅助常开接点。有的电站将低电压继电器经正序电压滤过器后再接入电压互感器，由于发生不对称短路时正序电压降低较多，故这种接线可提高反应不对称短路的灵敏度。

为了使低电压继电器在发电机电压恢复正常时能可靠地返回，强励继电器的动作电压 U_{pu} 应按式（3-8）整定

$$U_{pu} = \frac{U_{g,\,n}}{K_{re}K_{rel}}　　　　　　　　　　　　　（3-8）$$

式中 $U_{g,\,n}$ ——发电机额定电压；

K_{re} ——继电器返回系数，一般取 1.1~1.2；

K_{rel} ——可靠系数，取 1.05。

因此可得

$$U_{pu} = (0.8 \sim 0.85)U_{g,\,n}　　　　　　　　　（3-9）$$

确定低电压继电器的接线方式时一般应考虑下列因素：并联运行各机组的强励装置应分别接入不同的相别，以便在发生任何类型的相间短路时均有一定数量的机组进行强励；当 AVR 对某种类型的短路无法实现强励时，应优先考虑对此类型短路实现强励。

由于发电机转子磁场建立的快慢取决于励磁机端电压的上升速度，故强励时要求励磁电压上升速度要快，且强励倍数要大，这两点是衡量强励作用的重要指标。

　　励磁电压上升速度是指强励开始（即从发生短路开始，对继电强行励磁是从强磁接触器接点闭合开始）后的 0.5 s 内，励磁电压上升的平均速度，通常以励磁机额定电压 $U_{ex,\,n}$ 的倍数表示。此值越大越好，对现代励磁机而言，一般约为 $0.8 \sim 1.2 U_{ex,\,n}$（V/s）。随着快速励磁系统的发展和应用，用 0.5 s 定义励磁电压上升速度已太慢。此时，可改用 0.1 s 定义其上升速度。

　　强励倍数是指强励时实际可达到的最高励磁电压 $U_{ex,\,max}$ 与额定励磁电压 $U_{ex,\,n}$ 的比值，即

$$K_q = \frac{U_{ex,\,max}}{U_{ex,\,n}} \tag{3-10}$$

　　很明显，K_q 越大效果越好。由于励磁机磁路饱和等原因，要得到很高的强励倍数有一定困难。采用直流励磁机的强励倍数为 $1.8 \sim 2.0$。

　　励磁电压上升速度与励磁机励磁回路及发电机转子回路的时间常数等因素有关，即与励磁机的励磁方式（他励或自励）有关。强励倍数则与励磁机饱和程度和励磁机励磁回路的电阻等因素有关。采用可控硅整流器和相应调节装置的他励和自励静止励磁的发电机，其强励倍数可提高到 4 倍，励磁电压上升速度也大大提高，对提高运行的稳定性具有良好作用。

　　长期的运行经验表明，继电强行励磁的工作是十分有效的。为防止发电机过热，强励时间一般为 1 min 左右。若超过这段时间装置仍不返回，则可由值班人员加以解除。

（二）继电强行减磁

　　当发电机电压上升到动作值时 3 K 动作，接通 6 K 线圈，其动断接点打开，结果将附加电阻 R_{m1} 接入励磁机励磁回路，使发电机减磁，从而使发电机定子回路不产生危险的过电压。

（三）自动灭磁

　　发电机内部或其出口与断路器之间发生短路时，除了断开发电机断路器外，还必须迅速切断发电机的励磁电流，以使转子磁场消失，使短路电流不复存在。发电机的转子具有很大电感，在切断其电流时，如何在很短时间内使转子磁场中储存的大量能量迅速消释，而不致产生危及转子绝缘的过电压，是一个重要的问题。

　　灭磁方法的优点是不用体积很大的灭磁电阻，灭磁时间较短。缺点是转子电流较小时，电磁铁磁场的强度将减弱，对电弧的作用力减小，可能不足以将电弧完全拉入灭弧栅内，故可能延长灭磁时间。同时，在灭磁过程中励磁机继续输出能量，增加了灭磁负担，且缺少有效的过电压保持措施。

限制转子绕组过电压较为理想的办法是在绕组两端并联非线性电阻（压敏电阻），并配以可迅速切断转子电流的灭磁开关。灭磁时，转子绕组对非线性电阻放电，以维持稳定的放电电压。国外一般采用碳化硅非线性电阻，我国采用氧化锌压敏电阻，并已在几十台大型机组上采用了这种灭磁方式。

对于采用他励和自励静止励磁的发电机，如采用三相全控桥可控硅整流装置，则可用可控硅逆变灭磁，此时可不再设置灭磁开关，也可设置灭磁开关作为事故状态下的灭磁。

最后，必须指出，在发电机转子回路灭磁的同时，直流励磁机也应同时灭磁，以防励磁机端电压过高。为此，可在其励磁回路中设置灭磁开关，也可采用接入电阻的方法进行灭磁。

第二节　水轮机调速器的自动控制

一、水轮机调节系统的基本任务及原理

（一）水轮机调节的基本任务

水轮发电机组把水能转变成电能供用户使用，除要求供电安全、可靠外，还要求电能的频率及电压的额定值附近某一范围内，若频率偏离额定值过大，就会直接影响产品质量。按照规定，电力系统的额定频率应该保持在 50 Hz，其偏差不应该超过±0.2 Hz，有关标准对额定电压及其偏差值也有相应的规定。

电力系统的负荷是不断变化的，存在周期为几秒至几十分钟的负荷波动，这种负荷波动的幅值可以达到系统容量的 2%~3%，而且是不可预见的。此外，一天之内系统负荷有上午、晚上两个高峰，中午、深夜两个低谷，这种负荷的变化是可以预见的，但从低谷向高峰的过渡速度往往较快，如有的电力系统记录到每分钟负荷增加达到系统容量的 1%。电力系统负荷的不断变化必然导致系统频率的变化。

水轮发电机一般是三相同步发电机，其频率 f 与转速 n 之间有着严格的关系：

$$f = \frac{np}{60} \tag{3-11}$$

式中 p —— 发电机磁极对数；

n —— 发电机转速，r/min；

f —— 频率，Hz。

发电机的磁极对数 p 是由发电机的结构确定的，对于运行中的机组一般是固定不变的，所以发电机的输出频率实际上随着水轮发电机组转速的变化而变化。而水轮发电机机组是由导叶开度控制的，因此水轮机调节的基本任务就是：当电力系统负荷发生变化、机组转速出现偏差时，通过调速器相应地改变水轮机导叶开度，使水轮机转速保持在规定范围内，从而使发电机组的输出功率和频率满足用户的要求。水轮机调节系统的基本任务可分为转速调节、有功功率调节和水位调节。

转速调节主要用于空载工况和带孤立负荷工况：空载工况时，调速器的任务是使机组转速跟踪速度或给定的额定频率；带孤立负荷时，调速器的任务是在发生负荷扰动时维持转速（频率）和跟踪转速给定（频率给定）；在电网并列运行时，调速器有时作为电站调频装置的一部分起作用。

有功功率的调节用于与电网并列运行工况，其任务是根据负荷调节指令来改变机组的输出功率，当频率变化超过一次调频的死区时，将根据永态转差率适当调整导叶开度，达到调整机组输出功率的目的。

水位调节用于保持上游水库水位。例如，对于径流式电站，由于没有水库，若发电用水量超过来水量，水位就会下降，从而导致水电站水头下降和单位水量的发电量下降，这样就降低了电站运行的经济效益；当发电用水少于来水量时，上游水位上升，可能导致弃水，这也会降低电站的经济效益，所以需要以保持上游水位为目标调整机组出力，这就是水位调节。

（二）水轮机调节的基本原理

在水电站的生产运行中，调速器在有功功率调节时，必须根据负荷的变化不断调节水轮发电机组的有功功率输出，以维持机组转速（频率）在规定范围内。随着负荷的改变，相应改变导水机构的开度，以使水轮发电机机组维持在某一预定值，或按某一预定规律变化，这一过程就是水轮发电机组的转速调节，或称水轮机调节。

（三）水轮机调节的特点

水轮机调节系统是由水轮机调速器和调节对象（包括引水系统、水轮机、发电机及负载）共同组成。水轮机调节系统与其他原动机调节系统相比有以下特点：

1. 水轮机调节装置必须具备足够大的调节功。

2. 水轮机调节系统易产生过调节，因而不易稳定。

3. 水击的反调效应不仅不利于调节系统的稳定，而且严重恶化了调节系统的动态品质。

4. 有些水轮机还具有双重调节机构，从而增加了调速器的复杂性。

二、微机调速器的系统结构与硬件原理

（一）微机调速器的原理结构框架

水轮机微机调速器一般可看成由微机调节器和机械（电气）液压系统组成。将电气或数字信号转换成机械液压信号和将机械液压信号转换成电气或数字信号的装置称为电/液转换装置，它在很大程度上影响到调速器的性能和可靠性，近十年来得到了迅速的发展。

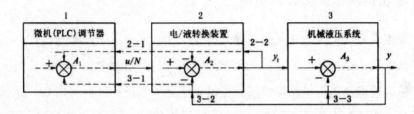

图 3-2　PLC 水轮机微机调速器的总体原理结构框图

1. 前向通道

前向通道是图中由左至右的控制信息的传递通道，是任何一种结构的调速器必须具备的主通道，它包括通道 u/N、通道 y_1 和通道 y。通道 u/N 是微机（PLC）调节器的输出通道，它的输出可以是电气量 u，也可以是数字量 N。u/N 信号送到电/液转换装置作为其输入信号。

通道 y 是电/液转换装置的前向输出通道，它输出的主要是机械位移，也可以是液压信号，是机械液压系统的输入控制信号。

通道 y 是机械液压系统的输出通道，它输出的是接力器的位移，也是调速器的输出信号。

2. 反馈通道

反馈通道是指与前向通道信息传递方向相反的通道，由图 3-2 可以清楚地看出，可能的反馈通道有 2—1、3—1、2—2、3—2 和 3—3。其概念也比较清楚，例如，反馈通道 3—1 是接力器位移 y 经过电/液转换装置装换为电气量或者数字量，再送给微机（PLC）调节器作为反馈信号的通道。

3. 综合比较点

综合比较点是系统中前向通道和反馈通道信息的汇合点。

4. 微机（PLC）调节器

输出（前向通道 u/N）信号如下：

（1）模拟量（通过数模转换 A/D）输出 u：0~+10V；4~20 mA；−10~+10V。

（2）数字量输出 N：双向脉宽调制（PWM）输出；100~200 kHz 定位脉冲。

5. 电/液转换装置

电/液转换装置是将电气或数字信号转换成机械液压信号的装置，或者是将机械液压信号转换成电气或数字信号的装置（接力器位移转换装置）。

6. 机械液压系统

机械液压系统包括随动型机械液压系统、执行机构型机械液压系统。

（二）水轮机调速器的总体结构

水轮机调速器根据负荷的变化改变导叶的开度，以维持系统频率的稳定。它与一般的微机控制系统一样，是一个电子计算机闭合控制系统，由工业控制电子计算机、过程输入通道、过程输出通道及执行单元等组成，主机系统是整个控制过程的核心，过程输入通道主要完成对整个系统状态的检测，微机调速器主要测量系统和机组的频率、水轮机水头、发电机出力、执行器的位置等，以及采集其他模拟量和开关量；过程输出过程则通过模拟量和开关量对外输出控制信号，以达到所需的控制要求。

人机联系设备通常按功能分为输入设备、输出设备和外存储器。在微机调速器中常用的输入设备主要是键盘，用来输入外部命令及参数的整定与修改。常用的输出设备有打印机、显示器、记录仪等。微机调速器多采用打印机和数码管显示器作为输出设备，以便运行人员修改及打印运行参数和故障情况，以及了解运行参数和工作状态。外存储器有磁盘和磁带等，微机调速器通常不用外存储器。

随着技术的发展，现在的人机界面通常采用触摸屏，将输入与输出功能集成一体。

（三）微机调速器的硬件构成

一般微机调速器的硬件系统可分为如下几个部分：

1. 主机系统。主机系统是整个微机调速器的核心。它通过强大的逻辑与数字处理能力、完成数据采集、信息处理、逻辑判断以及控制输出。它一般由 CPU、程序存储器、数据存储器、参数存储器、接口电路等组成。

2. 模拟量输入通道。用于采集外部的模拟量信号，在水轮机调速器中，这些量为导叶开度、桨叶角度、水头、机组有功。

3. 模拟量输出通道。模拟量输出通道用于将微机内的特定数字量转换为模拟量送出。一般多送出控制信号，如期望的导叶开度值、桨叶角度值，或者是其相关的控制信号。

4. 频率信号测量回路。频率信号测量回路是微机调速器的关键部件，它用于测量机组和系统频率，并将结果送至 CPU；或将频率信号转换成一般形式的信号，送 CPU 进行测量。频率信号测量回路一般由隔离、滤波、整形、倍频等电路等构成。

5. 开关量输入通道。用于接收外部的开关状态信息或接收人为的操作信息。在微机调速器中，输入的开关量主要有：发电机出口断路器位置信号、开机命令、停机命令、调相命令、调相解除命令、开度增加命令、开度减小命令、频给增加命令、频给减小命令、机械手动位置信息、电气手动位置信息等。开关量输入通道一般由光电隔离回路和接口电路两部分构成。

6. 开关量输出通道。用于输出控制和报警信息，信息类别视不同的调速器有较大的差别。开关量输出通道一般由接口电路、光电隔离回路和功率回路三部分构成。

7. 人机接口。人机接口主要完成两个任务：①设备向人报告当前工作情况与状态信息；②人向设备传送控制、操作和参数更改等干预信息。

人机界面是在操作人员和机器设备之间做双向沟通的桥梁，用户可以自由地组合文字、按钮、图形、数字等来监控管理或处理随时可能变化信息的多功能显示屏幕。使用人机界面可以使机器的配线标准化、简单化，同时也能减少 PLC 控制所需 I/O 点数。触摸屏作为一种新型的人机界面，从一出现就受到关注，它的简单易用、强大的功能及优异的稳定性使它非常适合用于工业环境，越来越多的自动控制设备都趋向于使用触摸式人机界面。

8. 供电电源。微机调速器的工作电源一般分为数字电源、模拟电源和操作电源。数字电源为微机系统的工作电源，一般为 5 V。模拟电源为信号调理回路的工作电源，一般采用正负对称的双电源，如±15 V 或±12 V。数字电源与模拟电源可能是隔离的，也可能是共地的。操作电源为开关信号输入回路和输出回路提供电源，一般为 24 V。为保证整个系统的可靠性，操作电源必须与数字电源、模拟电源隔离。

为保证整个系统可靠供电，调速器电源部分采用冗余结构，交流—直流 220 V 双路同时供电，正常运行时交流优先，交流与直流电源互为热备用。当交直流电源中任意一路电源故障时无须切换，能自动地由另一路电源供电，从而不对调速器产生任何冲击和扰动。

（四）模拟信号调理

信号调理的准确与否直接决定了调速器的工作性能，调速器在现场采集的模拟信号主要有导叶、桨叶接力器位移反馈、水头、功率。在信号调理电路中，针对每种信号都有对应的处理通道。

（五）频率测量

PLC 调速器可以通过 PLC 直接测频，也可以通过单片机测频后通过 I/O 口将结果送至

PLC。两种测量方法各有优缺点，前者的缺点是对许多系列的 PLC 来说，其一般的计数最高频率为 20~60 kHz，而其高速计数模块的最高计数频率一般也只能达到 100~200 kHz，显然这与单片机内部的兆数量级的时钟相比有很大的差距，由于这两种测频方式都是将内部的时钟频率作为基准频率，因此，PLC 较低的时钟频率会影响到频率测量分辨率以及频率测量的时间响应特性。后者的缺点是必须自行生产印刷电路板组件，却不能批量生产，从而使可靠性受到一些影响，而 PLC 已经是成熟批量生产的工业产品，其可靠性得到了保证。

三、调速器机械液压控制装置

水轮机调速器机械液压控制装置也称为电/液随动系统，其主要功能是将微机调节器的输出信号成比例地转换为调速器接力器的位移，以足够大的推力控制水轮机的导水机构。

（一）电/液转换装置

现代水轮机调速器的电/液随动系统根据其电/液转换装置分为两大类，即采用位移输出的电/液转换装置和采用流量输出的电/液转换装置。前者将微机调节器送来的电气信号转换、放大成具有一定驱动力的机械位移输出，如伺服电机、步进电机；后者则把微机调节器送来的电气信号放大为相应的液压流量控制信号输出，如比例伺服阀。

电/液转换装置一般与主配压阀相接口，也就是后面要说到的主配自身带有控制阀或辅助接力器。位移输出的电/液转换装置与带引导阀的机械位移输入型主配压阀相配合，流量输出的电/液转换装置则与带辅助接力器的液压控制型主配压阀接口。

目前，水电站广泛使用的电/液转换装置有数字式、步进式、比例伺服阀式三种类型。根据不同需要，这三种结构可以自由组合构成冗余系统。

1. 数字式电/液转换装置

随着液压技术的发展，高速数字球阀成为近年来液压传动领域中发展起来的一种新的液压元件，它具有工作压力高、密封性能好、换向频率高（≤3 ms）、可靠性高、寿命长的特点。

数字式电/液转换装置采用脉冲控制电磁数字球阀，输出高电平和低电平控制线圈动作和复位，从而控制油路（包括开方向和关方向）的通和断。

采用全数字高速电子球阀组成机械液压系统的手动或者自动的前置级，高速电子球阀可实现手动调节和自动控制。用它作为前置级控制的调速器机械液压系统，如采用非线搭叠窗口和脉冲补偿的结构，无油压冲击，动作平稳可靠；如采用钢球线接触形式密封，抗油污和防卡能力强，速动性好，机械防卡性能好，对油质要求低，静态无油耗，无机械零位调整和飘移，死区小，灵敏度高，安装调试方便。

在紧急状况下，根据需要可以手动从紧急停机电磁阀的外侧按入使电磁阀动作。紧急停机电磁阀动作后，压力油与关机腔常通，接力器以最大关机速度关闭到零位，开关机球阀动作失效。紧停复归电磁阀也可以由手动操作执行，紧停复归电磁阀动作后，油路恢复正常运行。

2. 步进式无油电/液转换器（带自动复中机构）

步进式无油电/液转换器作为调速器中连接电气部分和机械液压部分的关键元件，将电机的转矩和转角转换成具有一定操作力的位移输出，并具有断电自动复中回零的功能。它的作用是将调节器电气部分输出的综合电气信号转换成具有一定操作力和位移量的机械位移信号，从而驱动末级液压放大系统，完成对水轮发电机组进行调节的任务。

步进式无油电/液转换器通过高精度细分步驱动器驱动步进电机及大导程滚珠螺旋副，直接带动引导阀上下运动，使控制油腔接通压力油或排油，从而达到控制辅助接力器及主配压阀的目的。

步进式无油电/液转换装置包括简体和与简体连接的步进电机，电机轴通过连接装置与滚珠丝杆副穿入简体中，滚珠丝杆通过丝杆螺母与联结套连接。联结套穿过两彼此分开的具有一段行程的弹簧套，复中弹簧设在弹簧套中，简体设有弹簧上、下套的限位装置。步进式无油电/液转换器还装有电机反馈位移传感器，使步进式无油电/液转换器的控制形成闭环，从而补偿步进电机的失步、机械磨损及加工误差等，提高定位精度。

步进式无油电/液转换器采用弹簧力直接作用在高精度大导程滚珠丝杆上，当电源消失后，能迅速使连接套回到中位，使与之相连的主配引导阀自动准确回复到中间位置，保持接力器在原开度位置不变。复中机构仅为一根弹簧，结构简单，动作可靠，调节维护方便。当步进电机退出工作时，用双手转动手轮，能使步进电机操作阀芯，松开手轮，在复中装置作用下，阀芯迅速回到中位。

步进式无油电/液转化器由调速器电气系统输出高、低电平开关信号到驱动器的正转反转端，使步进电机正、反方向的旋转控制接力器开或关；输出脉宽调制信号占空比PWM到驱动器的停止/运行端，控制步进电机的旋转角度来调节接力器的开度。

步进式无油电/液转换器的电位移转换过程由纯机械传动完成，滚珠丝杆运动灵活、可靠、摩擦阻力小，并且能可逆运行，传动部分无液压件，无油耗。

3. 比例伺服阀式电/液转换器

比例伺服阀作为电/液转换器是一种电气控制的引导阀，在大型和特大型数字式调速器中得到广泛的应用，由比例伺服阀作为电/液转换器组成的数字式电液调速器在电站的试验运行结果表明，水轮机调节系统具有优秀的静态和动态性能。比例伺服阀的功能是把微机调节器输出的电气控制信号转换为与其成比例的流量输出信号，用于控制带辅助接力器（液压控制型）的主配压阀。

比例伺服阀的功能是把输入的电气控制信号转换成相应输出的流量控制，该伺服阀的阀芯装备了位置控制传感器反馈，可将反馈信号引入电路形成闭环控制，因此控制精度很高，阀的滞环和不重复性均很小。在电磁铁断电时，阀具有"故障保险"位置，保证失电时主配阀芯回复到中位。

（二）主配压阀

主配压阀是调速器机械液压系统的功率级液压放大器，它将电/液转换装置机械位移或液压控制信号放大成相应方向的、与其成比例的、满足接力器流量要求的液压信号，控制接力器的开启或关闭。

主配压阀的主要结构有两种：带引导阀的机械位移控制型和带辅助接力器的机械液压控制型。对于带辅助接力器液压输入的主配压阀，必须设置主配压阀活塞至电/液转换装置的电气或机械反馈。

在主配压阀上整定接力器的最短关闭和开启时间的原理有两种：基于限制主配压阀活塞最大行程的方式和基于在主配压阀关闭和开启排油腔进行节流的方式。大型调速器一般采用限制主配压阀最大行程的原理来整定接力器的最短关闭和开启时间。对于要求有两段关机特性的，在主配压阀上整定的是快速区间的关机速率；慢速区间的关机速率设置，在分段关闭装置上实现。

1. 机械位移控制型主配压阀

主配压网的引导阀活塞为微差压式，它始终有一个向上的作用力，因而引导阀活塞随动于电/液转换装置的位移。

在引导阀对主配压阀活塞的控制下，主配压阀活塞的位移等于引导阀活塞位移，所以，主配压阀活塞也就随动于电/液转换装置的机械位移。

2. 液压控制型主配压阀

与其接口的电/液转换器必须是流量控制输出的，比例伺服阀和交流伺服电机自复中装置/控制阀均可以对它进行控制。

机械液压控制型主配压阀动作原理：一路自油压装置的压力油进入主配压阀的压力油腔，另一路经双联滤油器过滤后进入电液比例阀和手动操作阀。电液比例阀经手/自动切换阀接通主配压阀辅助接力器控制腔。正常运行时，紧急停机电磁阀与手动切换阀均为通路，主配压引导阀通压力油。电气控制信号与主接力器位置信号之差为零时，电液比例阀阀芯在复位弹簧作用下复中，切断辅助接力器控制腔的油路，主配压阀准确地稳定于中位，主接力器也将稳定不动。当电气控制信号减小时，电液比例阀向关机方向运动，使辅助接力器控制腔接通排油时，主配压阀自中间位置向上移动一定距离，主接力器向关机方向运动，同时带动位移传感器移动，直到与电气控制信号相等，两差值信号为零时，电液比例阀和主配压间便随之复中，主接力器便停止运动；反之，如电气控制信号增大时，电液比例阀向开机方向运动，使辅助接力器控制腔接通压力油时，主接力器将向开机方向运动相应距离。这样，主接力器将按一定比例随动于微机调节器控制信号，构成了电液随动系统。

四、微机调速器的工作过程与软件实现

（一）微机调速器功能概述

微机调速器的基本功能为自动控制功能和自动调节功能。自动控制功能是指调速器能根据运行人员的指示，方便及时地实现水力发电机组的自动开机、发电和停机等操作；自动调节功能是指调速器能根据外界负荷的变化，及时调节水轮机导叶开度，改变水轮机出力，使机组出力与负荷平衡，维持机组转速在额定转速附近。

由于 PLC 具有丰富的运算和逻辑判断功能、强大的记忆能力、丰富的硬件资源，在调速器设计中充分发挥 PLC 的这些优势，使 PLC 水轮机微机调速器的功能又得到了扩大和加强。PLC 水轮机微机调速器除具备传统调速器的基本调节功能外，还应具有如下功能：

1. 频率测量与调节功能。双通道 PLC 水轮机微机调速器可测量发电机组和电力系统频率，并实现对机组频率的自动调节和控制。

2. 频率跟踪功能。当频率跟踪功能投入时，双通道 PLC 水轮机微机调速器自动调整机组频率跟踪电力系统频率的变化，能实现快速自动准同期并网。

3. 自动调整与分配负荷的功能。机组并入电力系统后，双通道 PLC 水轮机微机调速器将按整定的永态转差系数 p，值自动调整水轮发电机组的出力。

4. 负荷调整功能。接收上位机控制指令，调整机组出力。

5. 开停机操作功能。接收上位机控制指令，实现机组的自动开停机操作。

6. 紧急停机功能。遇到电气和水机故障时，上位机发出紧急停机命令，实现紧急停机。

7. 主要技术参数的采集和显示功能。自动采集机组和调速器的主要技术参数，如机组频率、电力系统频率、导叶开度、调节器输出值和调速器调节参数等，并有实时显示功能。

8. 手动操作功能。当电气部分故障时，双通道 PLC 水轮机微机调速器具备用手动操作的功能，设置有机械液压手动操作机构、电气手动操作机构。

9. 自动运行工况至手动运行工况的无扰动切换功能。

10. 两个系统之间进行自动的无扰动切换。双通道 PLC 水轮机微机调速器具有各种诊断功能，调速器自动运行时，当系统级的故障被检测出来以后，应及时将调速器由故障系统切换到备用系统运行。这一切功能都是在硬件的基础上通过软件程序来实现。

（二）PID 控制原理

PID（Proportional Integral and Differential）控制器本身是一种基于对"过去""现在"和"未来"信息估计的控制算法。

系统主要由 PID 控制器和被控对象组成。作为一种线性控制器，它根据给定值和实际输出值构成控制偏差，将偏差按比例、积分和微分通过线性组合构成控制量，对被控对象进行控制，故称为 PID 控制器。

（三）微机调速器的调节模式

对于水轮机调速器来说，其运行调节模式通常采用频率调节模式，即调速器是根据频差（即转速偏差）进行调节的，故又称转速调节模式。

微机调速器一般具有三种主要调节模式：频率调节模式、开度调节模式和功率调节模式。三种调节模式应用于不同工况，其各自的调节功能及相互间的转换都由微机调速器来完成。

频率调节模式适用于机组空载自动运行，单机带孤立负荷或机组并入小电网运行，机组并入大电网做调频方式运行等情况。

开度调节模式是机组并入大电网运行时采用的一种调节模式，主要用于机组带基荷运行工况。

功率调节模式是机组并入大电网后带基荷运行时应优先采用的一种调节模式。微机调节器通过功率给定变更机组负荷，故特别适合水电站实施 AGC 功能。而开度给定不参与闭环负荷调节，开度给定实时跟踪导叶开度值，以保证由该调节模式切换至开度调节模式或频率调节模式时实现无扰动切换。

机组自动开机后进入空载运行，调速器处于"频率调节模式"工作。

当发电机出口开关闭合时，机组并入电网工作，此时调速器可在三种模式下的任何一种调节模式工作。若事先设定为频率调节模式，机组并网后，调节模式不变；若事先设定为功率调节模式，则转为功率调节模式；若事先设定为开度调节模式，则转为开度调节模式。

当调速器在功率调节模式下工作时，若检测出机组功率反馈故障，或有人工切换命令时，则调速器自动切换至"开度调节"模式工作。

调速器工作于"功率调节"或"开度调节"模式时，若电网频率偏离额定值过大（超过人工频率死区整定值）且保持一段时间（如 15 s），调速器自动切换至"频率调节"模式工作。

当调速器处于"功率调节"或"开度调节"模式下带负荷运行时，由于某种故障导致发电机出口开关跳闸，机组甩掉负荷，同时调速器也自动切换至"频率调节"模式，使机组运行于空载工况。

（四）微机调速器的软件程序

调速器的软件程序由主程序和中断服务程序组成，主程序控制 PLC 微机调速器的主要工作流程，完成模拟量的采集和相应数据处理、控制规律的计算、控制命令的发出以及限制、保护等功能。中断服务程序包括频率测量中断子程序、模式切换中断子程序等，完成水轮发电机组的频率测量和调速器工作模式的切换等任务。

微机调速器的控制软件按模块结构设计，也就是把有关工况控制和一些共用的控制功能先编成一个个独立的子程序模块，再用一个主程序把所有的子程序串接起来。

1. 主程序

当微机调节器给上电源后，首先进入初始化处理，即设置可编程控制器的特定位元件（如辅助继电器等）初始状态；设置特殊模块（如 A/D 等）工作方式及有关参数；设置寄存器特定单元（如存放采样周期、调节参数 b_p、b_t、T_d、T_n 等数据寄存器）缺省值等。

测频及频差子程序包括对机频、网频计算和计算频差值。

A/D 转化子程序主要是控制 A/D 转化模块，把水头、功率反馈、导叶反馈等模拟信号变化为数字量。工况判断则是根据机组运行工况及状态输入的开关信号，以便确定调节器应当按何种工况进行处理，同时设置工况标志，并点亮工况指示灯。

对于伺服系统是电液随动系统的微机调速器，各工况运算结果还须通过 D/A 转换模拟电平，以驱动电液随动系统，数字伺服系统则不需要 D/A 转化。

2. 功能子程序

在水轮机调速器中，其功能子程序按任务又可划分为以下几种：

（1）开机控制子程序。当调速器接到开机令时，先判断是否满足开机条件，如果满足开机条件，置开机标志，并点亮开机指示灯。然后检测机组频率，当频率达到并超过45 Hz 时，将"启动开度"调到"空载整定开度"，并转入空载控制程序，进行 PID 运算，自动控制机组转速等于给定值。当机组并网后，则把开度限制自动放开至 100% 开度或按水头设定的开度值。开机过程结束，清除开机状态，熄灭开机指示灯，置发电标志并点亮发电指示灯。

（2）停机控制子程序。当调速器接到停机令时，先判别机组是否在调相，即从停机子程序转出，先进入调相转发电，再由发电转停机。如果机组不在调相，则置停机标志，并点亮停机指示灯，然后判别功率给定值是否不在零位。若是不在零位，则自动减功率给定，一直到功率为零止，再把开度开关打开限制减至空载，等待发电机开关跳开后，进一步把开度限制关到全关，延长 2 min，确保机组转速降到零后清除停机标志，并熄灭停机指示灯。

（3）空载控制子程序。当机组开机后，频率升至 45 Hz 时，机组进入空载工况，或者机组在空载工况主要进行 PID 运算，使机组转速维持在空载定值范围内。空载运行总是采用频率调节模式。

（4）PID 运算子程序。先调用频差，再分别进行比例、微分、积分运算，再求和得到 PID 总值。在增量型 PID 运算中，则是分别求出比例项、微分项和积分项的增量，然后求各增量之和，再与前一采样周期的 PID 值求和，得到本采样周期的 PID 值。

（5）发电控制子程序。发电运行分为大网运行和孤网运行两种情况。在孤网运行时，总是采用频率调节模式；在大网运行时，可选择前述三种调节模式中的任一种调节模式。调速器的功能子程序还包括调相控制子程序、甩负荷控制子程序、手动控制子程序、频率跟踪子程序等。

3. 故障检测与容错子程序

故障检测与容错子程序可保证输出的调节信号的正确性，因此需要对相关输入、输出量及相关模块进行检错诊断。如果发现故障，还要采取相应的容错处理并报警。严重时，要切换为手动或停机。

调速器的检错及处理子程序包括功率反馈检错、导叶反馈检错、水头反馈检错、随动系统故障及处理等。

第三节　水轮发电机组的现地控制

一、水轮发电机组的运行参数测量

（一）温度测量

在水轮发电机组运行的过程中，重点关注的温度参数有：推力、导轴承的瓦温和油温，空气冷却器的风温，发电机空气温度，油冷却器进出口的水温、油温，发电机定子铁芯、定子线棒、变压器等设备的运行温度。各个发热部件和摩擦表面的工作温度均有一定工作范围，若温度高于限制，则可能导致部件烧毁。因此一些重要的温度量，如推力、导轴承的温度等直接作用于机组的控制，这些量通常由 PLC 直接采集；一部分温度量要作用于报警，由温度巡检装置采集后给 PLC。

1. 测温电阻

热电阻测温大都基于金属导体的电阻值随温度的增加而增加这一特性。大多数的热电阻是由纯金属材料制成的，Pt100 和 Cu50 是目前电厂最常用的测温电阻，可以说99%的水电站都在使用。Pt100 是以铂金材料作为敏感元件，Cu50 是以铜作为敏感元件。

铠装式铂电阻由电阻体、引线、绝缘氧化镁及保护套管整体拉制而成，顶部焊接铂电阻，比普通的装配式电阻响应速度更快，抗震性能更好，测温范围更宽，并且长度方向可以弯曲，适用于保护管不能插入或者弯曲测量的部位测温。

常规工业使用的测温电阻无法直接应用在水电站中。水电站运行环境的特殊性表现如下：

（1）运行时间长、不易维护。瓦温的测温电阻安装在空间狭小，不易维护、更换传感器的地方，一般在大修时才有机会维护测温电阻。而由于技术进步，大修周期越来越长，这就要求测温电阻长期稳定运行。

（2）重要程度高。例如，推力轴承是发电机组的关键装置之一，其中测温电阻又是检测推力瓦运行温度的唯一手段，推力瓦测温电阻一般要求接地保护，其重要程度不言而喻。

（3）运行环境恶劣。仍以推力瓦测温电阻为例，传感器及其导线需要长期地浸泡在温度较高的透平油里，并时刻承受油流的冲击和机组的振动。在这样的环境中很少有传感器及其导线可以经受五年及以上的考验。

（4）电磁干扰的强度相当大。一般的水电站发电机功率大，发电机产生的强电场特别是漏磁产生的强磁场对上导瓦和推力瓦测温电阻干扰都非常大，要求传感器及其导线的抗干扰能力相当高。

2. 三线制测温电路

三线制的铂电阻温度传感器要求引出的三根导线截面积和长度均相同，测量铂电阻的电路一般是不平衡电桥，铂电阻作为电桥的一个桥臂电阻，将一根导线接到电桥的电源端，其余两根分别接到铂电阻所在的桥臂及其相邻的桥臂上。其中断开部分表示开关，当桥路平衡时导线电阻的变化对测量结果影响较小，三线制测温要求三根导线的材质、线径、长度一致且工作温度相同，三根导线的电阻值相同，这样会大大减小导线电阻带来的附加误差。

（二）压力、液位的测量

水电站中，压力的测量主要用于油压装置压力油罐的测量、检修密封供气压力装置及水轮机水力（包括蜗壳进口、蜗壳末端压力，蜗壳中部断面、尾水管进口和出口压力，顶盖压力，转轮上下止漏环外腔压力，活动导叶前后压力）测量等；差压变送器和差压开关主要用于过滤器前后、蜗壳差压测流、压力油罐油位测量等。

压力测量的主要使用工具有压力传感器、压力变送器、差压变送器、压力开关、差压开关、压力表等。

液位测量的主要使用部位有机组各轴承油槽的油位、油压装置压力油罐和回油箱的油位、集油装置的油位、水轮机顶盖水位等。液位测量的自动化元件主要包括浮子式液位信号开关、带液位开关的磁翻板液位计、投入式液位变送器等。

利用所测液体产生的压力与深度成正比例的关系，扩散硅压力传感器可以测得液位深度。扩散硅压力传感器利用扩散硅敏感元件的压阻效应，通过测量仪表或检测系统将液位的静压转换成电信号输出。

根据被测压力，可以选择表压、绝压、密封式表压、差压等压力显示值；根据现场的安装需要，可以选用投入式、法兰式、螺纹式和直杆式等安装方式的压力传感器。

采用内孔和法兰连接方式的传感器适用于非密封场合，尤其是具有黏稠或者浆状介质等特性的液体，或者富含颗粒类介质的测量，不易堵塞，便于清洗。

插入式压力变送器分为直杆式和软管式两种，直杆式压力传感器与接线盒之间的线缆采用不锈钢管密封保护，它具有较强的硬度，可以直接插入被测液体底部，适用于量程在 4 m 内的敞开容器或者需要插入安装的液位测量。软管式液位变送器的压力传感器与接线盒之间的线缆采用不锈钢柔性软管保护，使其具有一定的强度又有一定的柔性，量程范围为 0~20 m。

（三）流量测量

1. 流量开关（示流信号器）

流量开关用于对管道内的流体流通情况进行自动监测，当管道内流量很小或中断时，可以自动发出信号，令设备使用备用水源或者停机；主要用于发电机冷却水、水轮机导轴承润滑水及其他冷却水的监视。

（1）压差式流量测量原理是通过测量阀门、孔板等两端的压降和观察阀门或孔板的压降和流量曲线得到准确的流量，通过压降的方法得到流量。相对于靶式流量开关，它可以避免水泵气蚀引起的假流量，又有准确的复位流量和断开流量，因而可广泛应用在使用板式换热器、套管式换热器和壳管式换热器的大中小型风冷或水冷冷水机组中，做水流量控制及水泵和水过滤器状态的监控。

（2）测量时，由发热模块发出热量，如果管道内没有介质流动，则感热模块接收到的能量是一个固定值；当有介质流动时，感热模块所接收到的热量将随介质的流速变化而变化，感热模块将温差信号转变为电信号，再通过处理器将其转化为对应的标准模拟量信号或者触电信号输出，流量开关通过这个信号对介质的流速进行显示及控制。

（3）通过旋转调节按钮设定流速动作点，当管道内有流体流过时，流体推动挡板偏转，挡板带动磁性模块上移。如果流体流速不小于设定流速，则腔内模块上移，输出触点信号；如果流体流速小于设定流速，则磁性模块下移，开关复位，触点断开。

2. 流量测量

常用于测量流量的装置有电磁流量感应器、差压流量计和超声波流量计。

电磁流量传感器的工作原理基于法拉第电磁感应定律，即当导体经过一个磁场时感应出一个电压，电磁式流量传感器用于在需要高质量和低维护成本的系统中测量导电液体（包括水）的流速。

当液体流过围在磁场中的测量管切割磁感应力线时，也会在管道两边的电极上产生感应电动势，感应电动势的方向由右手定则判定。在管道直径确定且保持磁感应强度不变时，被测体积流量与感应电动势呈线性关系。传感器将感应电动势作为流量信号，传送到转换器，经放大、变换滤波等信号处理后，显示瞬时流量和累积流量。

差压流量计，它由一次装置（检测件）和二次装置（差压转换器和流量显示仪表）组成。通常以检测件形式对差压式流量计分类，如孔板流量计、文丘里流量计、均速管流量计、皮托管原理式–毕托巴流量计等。

二次装置为各种机械、电子、机电一体式差压计，差压变送器及流量显示仪表。它已发展为三化（系列化、通用化及标准化）程度很高的、种类规格庞杂的一大类仪表，既可测量流量参数，也可测量其他参数（如压力、物位、密度等）。

超声波流量计，是利用在流动的流体中传播的超声波记录流体流速的信息，因此可以通过接收到的超声波检测出流体的流速，再利用一定的计算方法算出流量。

（四）转速测量与转速信号

水电机组的转速测量是影响状态检测的关键因素之一，其测量精度和可靠性直接关系到水轮机调节的性能和水电机组运行的安全性。

1. 转速信号器

转速信号器用于测量反映机组运行的转速，并能够在机组转速达到所设置的转速值时发出相应的信号，用于对机组进行自动操作和保护。水轮发电机的转速测量通常采用电气残压测速（TV 或永磁机测速）和机械测速（齿盘或钢带测速）结合的方法，当一路信号源断线或者出现故障时，装置仍能正常工作。

齿盘测速是一种常用的水电机组测速方法，其原理是在水电机组的转轴上安装环形齿状设备，当机组旋转时通过接近式或光电式传感器感应产生反映机组转速的脉冲信号，由电子计算机测量脉冲个数并通过电子计算获取机组转速。由于齿盘测速是一种转速的直接测量方式，其可靠性和安全性明显高于残压测速。

2. 转速测量原理

一般采用的齿盘测速原理为频率法和周期法两种。

（1）基于频率法的转速测量。这种方法的基本原理是：当机组转速发生变化时，在单位时间内通过传感器测量的脉冲个数也会随之变化。

（2）基于周期法的转速测量。这种方法的基本原理是：当水电机组的磁极对数为 p 时，将外径为 d 的齿盘加工为 N 个齿，其标准齿的间距为 $D = \pi d/p$。当机组旋转时，各齿边沿通过传感器感应产生其周期依据转速变化的脉冲信号，信号周期将受机组转速和齿距 D 的影响。通过电子计算机记录第 i 个齿在第 j 圈通过传感器测量点的周期 $T[k]$，则此时的机组转速为 $T[k] = D/T[k]$。

齿盘会存在着一些加工问题，导致其成品很难保证水电机组转速测量的精度，为了解决这一困难，通常采用齿盘测速的双传感器策略，即沿着齿盘圆周不同位置设置两个传感器，在已知两个传感器之间距离 Y 的前提下，测量齿盘中各齿通过两个传感器的时间。这种方法是通过两个传感器来消除齿盘加工精度等引起的测量误差，以满足水电机组控制对测速精度和实时性方面的要求。

（五）位置和位移测量

1. 开度、位移变送器

水轮机导叶开度的测量可将开度、位移变送器的测量绳直接固定在接力器推拉杆上，测量行程。位移变送器通过一根高柔性的不锈钢芯线与测体相连，经恒力弹簧与传感器轴相连，将直线运动转换成旋转运动。

导叶开度的测量常常使用电阻式线位移传感器。测量时，如果直线位移或者角位移发生变化，拉线收缩，带动转轴旋转，电位器随转轴转动产生变化的线性电阻信号，变送器再将这个变化的电阻信号转化为标准电流或电压信号输出。

在进水口闸门开度测量时，常常采用由一组拉线式弹簧结构、转轮、光电编码器构成的开度测量装置。通过钢丝绳拉动闸门直线上下运动，从而带动编码器的旋转，通过光电编码器输出标准的脉冲信号，通常使用绝对编码器，防止掉电后数据消失。

2. 位置测量开关

主令控制器即水轮机的导叶位置开关，主要用于水电站反映水轮机导叶开度的位置，通过装置中的触点与二次回路连接，可实现机组控制自动化。传统的主令控制器主要由触点组、凸轮组、传动装置及接线端子等组成，接力器带动凸轮的内外轮转动使微动开关触点动作，达到开关触点切换的目的，并发出相应的信号，如导叶全关、导叶全开等。

常用的位置检测元件还有机械行程开关和接近开关。机械行程开关通过被测物件之间的碰撞，使其内部触点接通或者断开。

根据被测物和安装环境的不同，水电站常选用电容式、电涡流和光电式接近传感器。

光电式接近开关通常在环境条件比较好、无粉尘污染的场合下使用。光电式接近开关工作时对被测对象几乎无任何影响。

电容式接近开关亦属于一种具有开关量输出的位置传感器，它的测量头通常是构成电容器的一个极板，而另一个极板是物体本身。当物体移向接近开关时，物体和接近开关的极距或者介电常数发生变化，引起静电容量发生变化，使得和测量头相连的电路状态也随之发生变化，由此便可控制开关的接通和关断。这种接近开关的检测物体，并不仅仅限于金属导体，也可以是绝缘的液体或者粉状物体。

电涡流接近开关属于电传感器的一种，利用电涡流效应制成的有开关量输出的位置传感器，这种接近开关所能检测的物体必须是金属物体。接近开关的输出形式常为三极管输出，有 NPN 三线、PNP 三线、常开、常闭等几种常用的输出形式。

3. 剪断销信号器

剪断销信号器通常安装在控制环拐臂与导叶的连接处，当控制环带动导叶开关时，如导叶被卡住无法关闭，将剪断销剪断可防止导叶故障。剪断销信号器壳体通常采用脆性材料，壳内采用印刷电路，然后使用环氧树脂封装。剪断销信号器输出为常闭触点，水轮机导水结构上所有的剪断销信号器串联，只要任何一个剪断销信号器剪断，便发出信号。

4. 油混水信号器

油混水信号器的工作原理为：在回油箱的底部装有一对电极，利用油和水的导电率、密度不同，通过电极发出信号。在油箱没有浸入水的情况下，电极之间因为油的导电率小，而不足以导通；混入水后，水因密度大而下沉，随着水量的增加，水将逐渐淹没电极，从而导致两个电极导通，形成电流回路。

二、水轮发电机组的现地控制系统

（一）水轮发电机组现地控制相关知识准备

1. 水轮发电机组现地控制的任务和要求

水轮发电机组现地控制的基本任务，是借助于自动化元件及装置实现机组调速系统和油、气、水辅助设备系统的逻辑控制和监视，从而实现机组生产流程自动化。除上述基本任务外，机组的现地控制与水电站的监控系统通信，实现整个水电站的综合自动化。就这个意义来说，机组现地控制也是实现全厂综合自动化的基础。

机组的现地自动控制，在很大程度上与水轮机和发电机的型号和结构，调速器的型号，机组油、气、水辅助设备系统的特点以及机组运行方式等条件有关。对于不同电站、不同机组，上述条件虽可能有较大差别，但机组现地控制的基本要求和内容却是大体相同的。根据水电站的运行实践，这些基本要求有以下几个方面：

（1）根据工况切换指令，机组应能迅速、可靠地完成开、停机的自动操作，发电空载、空转、调相运行工况的转换。

（2）当机组或辅助设备出现事故或故障时，应能迅速、准确地进行诊断，将事故的机组从系统解列或用信号系统向运行人员指明故障的性质和部位，指导运行人员进行处理。

（3）根据电力供应的需求，及时调整并列运行机组间负荷的分配。

（4）作为全厂综合自动化的基础，机组自动控制系统与整个电站的监控系统、自动装置之间应具有方便的接口，从而实现机组的遥控和经济运行。

（5）在实现上述基本要求的前提下，机组自动控制系统应力求简单、可靠。在一个操作指令结束后，应能自动复归，为下一次操作做好准备。同时，还应便于运行人员修正操作中的错误。

2. 机组 LCU 控制对象

水轮发电机组的现地控制系统通常称作 LCU（Local Control Unit）。由于各类水电站机组类型的不同，其控制对象可能会有一些差别，但总的控制方式和结构模式基本一致，特别是采用国产设备的水电机组，相似程度更高。现地控制单元的控制对象主要包括主机、辅机、变压器等；而开关站的母线、断路器及隔离开关的控制，本书不做阐述。

3. 机组 LCU 结构分类

水电站机组现地控制 LCU 经历了以下发展阶段：①20 世纪七八十年代初由单板机构成的简单自动控制装置，其特点是常规控制为主，自动控制为辅；②20 世纪 80 年代中后期由进口 PLC 或自行开发的控制器构成的现地控制单元，其特点是以自动控制为主，常规控制为辅；③20 世纪 90 年代初期，由进口 PLC 或自行开发的控制器构成的现地控制单元，其特点是现地控制单元与小型 PLC 顺控装置的控制冗余；④20 世纪 90 年代中期以后，由进口 PLC 或自行开发的控制器构成的现地控制单元，其完全取消常规，成为水电站安全运行的必需设备。

（二）机组现地控制 LCU 功能分析

1. 数据采集处理

机组现地控制单元中需要对机组的开关量和模拟量信号进行采集测量。开关量信号主要包括断路器、隔离开关、阀门、锁锭的位置，各类主令电器、传感器的报警输出触点信号等；模拟量信号主要包括温度、导叶开度、油压、气压、水压等非电量的测量，用于大闭环控制的机组有功、无功电量测量和用于过速保护的机组频率测量等。除机组频率由可编程控制器高速输入模块直接测量外，其余所有模拟量均由可编程控制器 AD 模块采集，由主模块对各 AD 模块进行初始化、数据调用。

（1）开关量采集及处理。根据生产过程中的实时性要求，LCU 将数字量分为两种类型：中断数字量和状态数字量。

LCU 对开关量进行实时采集处理，并根据开关量的变化及变化性质判断是否做相应的处理。

将一些重要的数字量信号如 SOE 量作为中断数字量输入。当中断量输入发生变位时，LCU 以中断方式立即采集，并记下变位时间。中断数量的 I/O 分辨率较高，响应时间一般小于 2 ms，在变位时中断，并产生事件记录。

对一般的数字量信号，只需了解它的当前状态，这些测点作为状态开关输入。对于状态开关输入采用秒级定时查询进行采集，查到某测点状态变位时，记录变位时间。

所有数字量输入均经过光电耦合隔离，并对电磁干扰、触点抖动等采取了硬件、软件的多种滤波措施。

（2）有功、无功电量采集及处理。为了实现机组现地测控保护单元对机组有功、无功的自动闭环调节，并保证良好的自动调节特性，即具有高的调节精度及短的调节时间，机组现地控制单元必须对有功、无功电量进行实时测量。LCU 电度量处理可以由交流量采集装置将采集到的电度量数据通过通信方式传送至 LCU，也可采用电量变送器将机组有功、无功信号送入 PLC 的 AD 模块进行模数变换。机组并网后，若设定了有功、无功目标值及起调信号，则现地控制单元的功率调整程序根据该测量值与目标值的差值，进行有功、无功的自动调节。

（3）模拟量的采集及处理。模拟量为除温度量以外的所有电气量和非电量。LCU 能对所采集的模拟量进行越/复限比较，每点模拟量设置高高限、高限、低限、低低限四种限值，设置越/复限死区和刷新死区，一旦模拟量测值超越设定的限值，LCU要做出报警或进行事故处理。

（4）温度量的采集及处理。温度的感温元件为电阻，本案例的 DCU 温度量共有96点，测温点均接入 LCU 的 PLC 温度采集模块，其中各个部位测点的单点进入1号可编程测温装置，双点进入2号可编程测温装置。在触摸屏或者通过调试终端能设置高限、高高限、越/复限死区，且可用软件对温度电阻进行补偿。当某一点温度异常时，LCU 能对其进行追忆，在离线方式下人为地定义追忆点。

轴承温度点分别进行保护处理，任意一组满足启动温度保护的条件，且温度保护功能投切压板投入，进行温度保护动作停机。当机组温度越上限或上上限时，LCU 应能做出报警处理。机组轴承温度测点又分别分为上导、水导、推力三组，当同一组中的任意两点温度超越上限，启动事故停机流程进行停机并报警。

（5）导叶开度测量。导叶开度由调速器的导叶反馈装置直接接入，0~10 V 电压或4~20 mA 电流信号对应0%~100%开度。该信号一方面用于监测，另一方面用于导叶接力器开度监视，以及自动有功调整时确定是否进行调节的参考，当导叶开度低于空载开度或高于100%开度，则进行有功调节。

（6）压力测量。压力测量主要是油压、气压、水压的测量，将由压力传感器来的4~20 mA 电流信号输入 PLC 的 AD 模块进行模数转换。压力测量一方面用于监视，另一方面用于容错保护。

（7）事故追忆记录。当机组发生事故时，LCU 自动记录相关模拟量数值，进行事件追忆。事件追忆可追忆故障前后各10 s 的记录，模拟量的采集速度不大于0.5 s，追忆点数不少于16个模拟量点。

2. 信息输出

（1）与上位机通信。LCU 直接通过100 Mbit/s 以太网与上位机进行数据交换，并将所有开关量、模拟量、SOE 事件及开出动作记录 LCU 状态字、计算量及标志等向上位机传送。

（2）与辅设 PLC 的通信。LCU 通过1~12Mbit/s PROFIBUS-DP 现场总线与辅设 PLC 进行数据交换，并将现地所有状态、信息上送至机组 LCU。

（3）人机接口功能。LCU 通过速率为187.5 kbit/s 的 MPI 方式与触摸屏通信，触摸屏实现人机接口功能，具体如下：

①显示采集的机组运行信息。

②显示机组的事故、故障信息一览表。

③操作员输入，包括控制命令、定值设置、测点投退、修改参数整定值。

④脱机状态时钟设置。

⑤操作过程显示。

⑥控制操作密码设置。

3. 控制操作

（1）机组正常开停机控制。机组运行工况有发电、调相和停机三种，工况转换方式有发电转调相、发电转停机、停机转发电、停机转调相、调相转发电和调相转停机。

正常停机时，采用电气制动和机械制动混合制动方式；机组电气事故停机时，将电气制动闭锁，只采用机械制动。

根据上位机或 LCU 触摸屏下达的命令，自动进行机组的开停机顺序控制，自动开停机可选择连续或分步控制方式完成。水电机组状态一般有全停、辅设运行、空转、空载、发电、调相六种状态，操作员可以使机组启/停至上面六种状态之一。

（2）自动紧急停机控制。机组自动紧急停机由需要紧急停机的保护启动。紧急停机启动后必须启动正停机流程，自动紧急停机保护设以下五种：

①Ⅰ级过速保护——机组过速 115% 且调速器失灵保护。

②Ⅱ级过速保护——机组过速 140% 保护。

③机组电气事故保护。

④机组瓦温过高保护。

⑤机组油压装置油压过低保护。

机组紧急停机控制命令与事故停机命令具有最高的优先权。机组紧急停机顺序操作由安全装置自动启动或机组 LCU 屏上的机组紧急停机按钮控制，作用于机组，直接与系统解列并停机等操作。机组电气保护作用于机组事故停机，与系统解列并停机。机组机械保护作用于机组停机，应先减负荷至空载，然后与系统分列。反映主设备事故的继电保护动作信号，除作用于事故停机外，还应不经 LCU 直接作用于断路器和灭磁开关的跳闸回路，机组辅助设备启动/停止控制。

自动开停机时，LCU 将控制命令送给电调及调速器开停机集成阀以控制机组启停。可根据上位机 AGC 或操作员在工作站和 LCU 触摸屏下达的有功给定值进行闭环控制。LCU 与电调的控制调节接口采用通信和继电器触点两种方式。正常时可选择使用其中一种。在上位机和 LCU 上均可设置接口方式标志，以实现两种方式之间的切换。当采用继电器触点接口方式时，LCU 根据给定值与实测值之间的差值大小计算出不同的调节脉冲宽度，进行平稳调节。LCU 具备有功负荷差保护功能，当有功给定值与实测值大于一定限值时，AGC 及 P 调节自动退出，P 调节退出后，再次投入必须经人工确定。LCU 对给定值进行检查，对超过允许限制的给定值应拒收。

当 P 调节投入且采用继电器触点接口方式时，LCU 连续监视发电值的变化，维持有功在死区范围内。当 P 调节退出时，触点方式与通信方式的负荷调节功能均退出运行，LCU 不进行有功调节，但不影响其他数据的传送。

（3）励磁调节器控制。自动开停机时，LCU 将命令送给励磁调节器，与励磁调节器的接口采用空触点方式和通信接口方式。

当 Q 调节退出时，LCU 不进行无功调节。

（4）同期控制。LCU 内设有微机自动准同期装置，同期输出的合闸指令触点与同期闭锁继电器串联后接入 DL 合闸操作回路。需要并网时，将同步闭锁继电器和同期装置的 TV 信号投入并网后，将同期闭锁继电器和同期装置的 TV 信号退出。

（5）机组其他设备控制。机组其他设备主要包括发电机出口隔离开关、厂用电开关、刀闸、出口开关、制动风闸、锁锭、空气围带、中央音响信号等。

在开停机过程中，LCU 能自动实现对制动风闸、锁锭、空气围带、发电机出口隔离开关等设备的控制，在机组有故障或事故时实现对中央音响信号的控制。

（三）机组现地控制 LCU 控制流程

1. 开机准备条件

机组开机时，必须满足开机准备条件，如电制动退出、机械制动闸落下、无停机令、进水口闸门全开、机组无事故、机组出口断路器在开断位置、空气围带无压、导叶锁锭拔除、断路器未合、推力轴承油位正常、导轴承油位正常等。根据机组形式的不同，开机准备条件有细微的差别。

在设有开、停机液压减载装置的机组上，机组启动前，应先启动高压油泵向推力轴瓦供油，每块瓦上的油压达到给定值时（表面推力头已被顶起）方可开机。机组转速达到额定转速的 90% 时，推力头下的镜板与推力瓦间楔形油膜已经形成，这时可切掉油泵。停机时，亦须启动高压油顶起装置，待机组全停后方可将油泵切除。

2. 机组润滑冷却水

水轮发电机组一般设有推力轴承、上导轴承、下导轴承和水轮机导轴承。推力轴承和上、下导轴承采用油润滑的巴氏合金轴瓦。水轮机导轴承有的采用油润滑的巴氏合金轴瓦，有的则采用水润滑的橡胶轴瓦。机组运转时，巴氏合金轴瓦部分因摩擦产生的热量靠轴承内油冷却器的循环冷却水带走；采用橡胶轴瓦时，水不仅起润滑作用，也起冷却作用，由于结构上的不同，两种轴承对自动化亦提出了不同的要求。

采用油润滑的巴氏合金轴瓦的轴承时，要求轴承内的油位保持一定高度，且轴瓦的温度不应超过规定的允许值。如不正常，则应发出相应的故障信号或事故停机信号。

采用水润滑的橡胶轴承时，即使润滑水短时间中断，也会因轴瓦温度急剧升高引起轴承的损坏，因此需要立即投入备用润滑水，并发出相应信号。如果备用润滑水阀启动后仍然无水流，则经过一定时间（2~3 s）后应作用于事故停机。

对于低水头电站来说，为了简化操作接线和提高可靠性，可以采用经常性供给润滑水的方式，即不必切除电磁阀。

除了轴承需要冷却水以外，为了将内部所产生的热量带走，发电机也需要冷却系统。发电机冷却方式一般有两种：一种是空气冷却方式，通常采用密闭式自循环通风，即借助在空气冷却器中循环的冷风带走发电机内部所产生的热量，而空气冷却器则靠循环外的冷却水进行冷却；另一种是水内冷方式，经处理的循环冷却水直接通入定子绕组转子绕组的空心导线内部和铁芯中的冷却水管将热量带走。发电机冷却系统对自动化的要求是保证冷却水的供应。

采用空气冷却方式时，冷却水由机组总冷却水电磁阀供应，开机时打开，停机时关闭。用示流信号器进行监视，中断时发出故障信号，但不作用于事故停机。

3. 机组制动

机组与系统解列后，转子由于巨大的转动惯性储存着较大的机械能量，故若不采取任何制动措施，转子将需要很长时间才能完全停下来。这样不仅延长了停机时间，而且使机组在较长时间内处于低转速运转状态。众所周知，低转速运行对推力轴瓦润滑极为不利，有可能导致轴瓦在干摩擦或半干摩擦状态下运转。因此，有必要采取制动措施，以缩短停机时间。

通常采用的制动措施是当机组转速下降到额定转速的35%左右时，用压缩空气顶起设于发电机转子下面的制动闸瓦，对转子进行机械制动，之所以不在停机同时就加闸是为了减少闸瓦的磨损。

一些水电站亦有采用电气制动的，即停机时通过专设的断路器将与系统解列的发电机接入制动用的三相短路电阻。为了提高低转速时电气制动的效果（因为此时励磁机电压很低，发电机短路电流很小，制动功率也较小），可将发电机励磁绕组改由厂用电经整流后供给。电气制动不存在闸瓦磨损、发电机内部污染等问题，但控制较为复杂，且发电机绕组内部短路时不能采用，还需机械制动作为备用。

在设有开、停机液压减载装置的机组上，由于在开、停机时启动高压油泵，将高压油注入推力轴瓦间隙中，故轴瓦即使在低转速时也有一定厚度的油膜，不会在干摩擦或半干摩擦状态下运行。此时，为了减轻制动闸瓦的磨损，可考虑在机组转速下降到10%额定转速时再加制动闸，不过这样将延长停机时间。

机组转动部分完全静止后，应撤除制动，以便于下次启动。在停机过程中，如果导叶剪断销被剪断，个别导叶失去控制而处于全开位置，则为了使机组能停下来，不应撤除制动。

4. 机组开停机控制流程

机组开机具备条件后，就可进行相应的开停机操作，实现工况转换。经常操作的流程包括开机至空转、空转至空载、空载至发电、发电至空载、空载至空转、空转至停机备用、紧急事故停机等。其中，紧急停机流程具有最高优先级，事故停机流程次之，正常停机流程再次之。任一停机流程启动的同时，即退出当前正在执行的非停机流程，非停机流程之间是并列关系，不可能同时进行。

机组现地控制系统另一重要功能就是机组的保护，发电机组电气部分的保护由机组配置的发变组保护完成，LCU 主要完成水轮机部分的保护，水轮发电机组的保护主要配置有机组过速保护、机组瓦温过高保护、机组油压装置油压过低保护。任何机组事故均启动事故总出口继电器，包括保护的电气事故。

5. 水力机械事故保护

（1）机组的过速保护。机组过速保护又分为Ⅰ级过速保护和Ⅱ级过速保护，过速保护的转速测量元件配置转速测量装置，当机组转速超过额定转速的 11% 时，转速装置输出触点信号到 LCU 输入模块，机组出口断路器在分位置，此时若调速器失去调节，不能控制回关导叶。LCU 输出启动Ⅰ级动作过速电磁阀，过速电磁阀配压启动事故配压阀，迅速将导叶关闭，将机组停下，同时启动正常停机流程，完成正常停机时应控制操作的设备。

当机组转速超过额定转速的 152% 时，LCU 输出启动Ⅱ级动作过速电磁阀，过速电磁阀配压启动事故配压阀，迅速将导叶关闭，将机组停下，同时启动正常停机流程，完成正常停机时应控制操作的设备。

（2）机组瓦温过高保护。机组瓦温过高保护主要是机组的上导、水导、下导、推力轴承的温度保护，在瓦内埋设测温电阻，可以埋设双电阻，电阻的接线方式可采用两线制或三线制，建议采用三线制接线方式，避免线路的电阻误差。测温电阻接入温度采集装置，温度采集装置通过通信将温度测量值上送 LCU 主控模件进行处理，任一点越过上限就报警。若同一类型的瓦温任两点超越上限，LCU 启动事故总出口继电器，跳开发电机出口断路器，发电机灭磁，启动事故停机电磁阀关机组导叶，同时启动正常停机流程，完成正常停机时应控制操作的设备。若温度点较多，可设置两套温度采集装置，分别采集温度点的单双号点，一套以 LCU 通信，另一套独立进行温度采集处理，输出空触点到常规的控制回路，作为后备保护。温度采集也可使用专用温度仪表，一块温度仪表对应一个测温点仪表输出两个串接，启动事故总出口继电器。

（3）机组油压装置压力过低保护。机组油压系统压力过低时，为保证机组安全，要将运行的机组迅速停运，油压的监视是监视机组油压装置的主油罐压力，使用压力传感器和压力开关共同测量，防止测量元件误动造成误停机。当机组主油罐压力低于限值时，LCU 采集到两个测点均低于限值，启动事故出口继电器，跳开发电机出口断路器，发电机灭磁，启动Ⅱ级动作过速电磁阀，过速电磁阀配压启动事故配压阀，迅速将导叶关闭，将机组停下的同时启动正常停机流程，控制正常停机时应操作的设备。

6. 紧急事故停机

（1）机组的转速达到额定转速的 140%，即达到或超过飞逸转速时，由机械或气转速信号装置发出紧急事故停机信号，现地控制单元 LCU 将执行紧急事故停机流程。

（2）当机组事故停机过程中剪断销剪断时，现地控制单元 LCU 将执行紧急事故停机流程。

机组紧急事故停机流程一般是首先关闭事故快速闸门，再联动调速器紧急事故停机。

7. 水力机械故障报警

当机组运行过程中出现下列情况时，现地控制单元 LCU 将发出报警信号：

（1）上导轴承、下导轴承、推力轴承、水导轴承及发电机热风温度过高。

（2）上导轴承、下导轴承、推力轴承油槽油位不正常。

（3）水导轴承油槽油位过低。

（4）漏油箱油位过高。

（5）回油箱油位不正常。

（6）上导轴承、下导轴承、推力轴承、水导轴承冷却水中断。

（7）剪断销剪断。

（8）开停机未完成。

上述故障发生时，现地控制单元 LCU 都将发出故障音响及光字报警信号，通知运行人员，并指出故障性质。故障消除后，应手动解除故障信号。

（四）机组现地控制系统硬件实现

水轮发电机组现地控制系统是水电站电子计算机监控系统的组成部分之一。监控系统的下位机通过网络方式与上位机系统通信链接，现场监视仪表、传感器与现地 I/O 连接，下位机采用现场总线与各智能设备链接。

（五）机组开停机故障判断处理

机组现地控制单元进行机组的开停机操作是自动完成的，但在操作过程中现场设备或流程执行过程中的问题会造成自动开停机的失败，电站人员在进行操作时需要有相关的操作判断技能，在出现开停机失败时能迅速恢复处理。下面就一些开停机操作的故障判断处理进行分析。

1. 机组现地控制的开停机操作命令不能发出

（1）现象：在中控室或机旁盘的操作面板上发开停机操作命令，命令不能执行或没有反应。

（2）原因：机组状态不明或状态不正确。

（3）处理：在操作显示屏上检查机组显示状态，若机组状态不明，逐项检查各机组状态的设置条件，根据不满足的条件检查现场设备，进行操作至条件满足。开机操作时必须在停机状态，命令才能发出。

2. 开机条件不满足

（1）现象：开机命令发出后，流程提示开机条件不满足。

（2）处理：

①检查机组事故出口继电器是否励磁，机组是否有事故。

②检查断路器是否在分，如已分，检查辅助转换触点是否转换到位，重复继电器是否有粘连，若有上述现象通知检修人员处理。

③检查保护出口继电器是否动作，保护装置是否有信号动作，若有复位保护装置，保护装置信号消失，出口动作复归，否则通知检修人员处理。

④检查机组转速测量装置测值是否小于 $5\% \, n_r$，未小于则检查机组是否在蠕动。若蠕动，手动加风闸使机组稳定停住；未蠕动，复位转速测量装置，消除干扰信号。

⑤检查压油装置油压，油压低于限值，手动启动压油泵打压至额定。

3. 技术供水压力低或无压

（1）现象：开机命令发出后，提示开水系统失败或报警技术供水水压低。

（2）处理：

①检查技术供水电磁液压阀是否动作开启，若未开启，现地手动操作。

②检查滤水器进出口水阀门是否开启，若未开启，现地手动操作。

③检查现地出口水压传感器采集是否正确，测值异常，通知检修人员处理。

4. 锁锭未拔出

（1）现象：LCU 报拔锁锭失败。

（2）检查：

①检查机械锁锭动作是否到位，若未到位，手动将其投入，然后拔出，若不能到位通知检修人员处理。

②检查锁锭液压电磁阀操作油阀门是否开启，若未开，将其开启。

5. 空气围带不能撤除

（1）现象：空气围带有压，报撤围带失败。

（2）处理：检查围带进出口阀门位置是否正确，检查电磁空气阀是否动作灵活。

6. 机组导叶不能打开

（1）现象：LCU 发令打开调速器主接未动作。

（2）处理：

①检查开机电磁阀是否被锁，将其解锁。

②检查调速器机械反馈是否有故障，通知检修人员处理。

③检查电调是否有故障，复位故障，若故障仍在通知检修人员处理。

7. 机组转速不能达到额定

（1）现象：导叶开启，转速长时间不能大于 $95\% \, n_r$。

（2）处理：

①检查机械开限是否过小，将其适当放开。

②检查电调电气开限设置是否过小，将其适当增大。

③检查电调机组水头设置是否正确。

④检查调速器是否有故障，若有，将调速器切手动控制。

8. 机组未起励

（1）现象：机组启动后，发令空载，报机组开机空载失败。

（2）处理：

①检查机组转速是否大于 $95\% \, n_r$，若大于，检查转速测量装置测量输出是否正常；若不正常，通知检修人员处理。

②检查主备励开关是否合上，若未合，手动跳开 FMK 灭磁开关，然后合上主励或备励开关，然后合上 FMK，再次发空载令或手动起励。

③检查 FMK 灭磁开关是否合上，若未合，手动合，再次发空载令或手动起励。

④检查励磁调节器是否有故障，手动复归，若不能复归通知检修人员处理。

9. 机组不能建压或不到额定电压

（1）现象：起励命令发出后，机组不能建压或不到额定电压处理。

（2）处理：

①检查励磁调节器是否有故障，手动复归，若不能复归通知检修人员处理。

②检查功率柜是否有掉相或故障，通知检修人员处理。

③检查励磁调节器设置。

10. 同期并网失败

（1）现象：机组发令并网，不能实现机组并列。

（2）处理：

①检查同期装置电源是否投入，若未投将其投入，启动同期；检查同期装置是否有故障，将其复归；仍存在故障，通知检修人员处理。

②检查 TV 一次保险是否装好，将其装好。

③通知检修人员检查断路器操作回路。

11. 机组不能带负荷

（1）现象：机组并网后，不能增加机组负荷。

（2）处理：

①检查调速器机械开限是否放开，将其打开至限定或全开位置。

②检查电调电气开限仍在空载开度，手动增加开限至限定值。

③检查电调故障将其复归，若故障仍在，通知检修人员处理。

12. 机组不能减负荷或负荷减不到 0

（1）现象：机组停机时不能减负荷，或负荷减不到 0，造成停机甩负荷。

（2）处理：

①检查电调是否有故障，若有将其复归，若不能复归，手动减负荷。

②检查电调空载开度设置是否过大，若大，检修人员调整。

13. 停机不能自动加风闸

（1）现象：导叶全关后，机组长时间低转速运转。

（2）处理：

①检查机组导叶是否漏水，若漏，手动加风闸。

②检查风闸电磁阀进出口阀门是否开启，若未开启，将其开启。

③检查测速装置测值是否正确或有故障，若不正确，手动加风闸。

第四章 水电站进水及引水建筑物

第一节 水电站的无压进水及引水建筑物

一、无压进水口及沉沙池

（一）无压进水口

无压进水口指明流进水，进水无压力水头，且以引进表层水为主的进水口。根据进水口附近有无拦河坝，无压进水口一般可分为无坝进水口和有坝进水口两种基本布置形式。

1. 无坝进水口

当河道坡降较陡，河道流量在丰水期和枯水期变化不大，而且水电站的引水只占河道流量的一部分，水流容易引入渠道时，可采用无坝进水口。这种进水口的特点是把河道水流直接从进水闸引入渠道，工程简单，易于施工。进水闸一般布置在河道的凹岸，这样能使其靠近主流，对引水、防沙及防污都较为有利。为了保证进水流量，有时在河道中修建一引水堤以拦截河水，当河流含沙量较大时，则还需要靠近进水闸布置一排沙闸，以便将沉积在进水闸前的泥沙排走，使进水闸前保持"门前清"。

2. 有坝进水口

为了提高水电站引水的可靠性，可在河床中修建一低坝（或水闸）以壅高水位，有时还可形成较小的水库，以保证将大部分的河道流量引入进水闸，尤其是在枯水期，可引入全部的河道流量。

有坝进水口通常包括拦河坝、进水闸和冲沙闸等。这种进水口通常布置在河道的平直段，以便于保持河流的原有形态，避免在汛期低坝泄洪时对坝下游岸坡的冲刷。

无压进水口的主要建筑物是进水闸，其闸孔尺寸应根据引用流量和闸的上下游水位差来确定。为了防止过多泥沙（含砾卵石）进入渠道，进水闸的底板应高于河床，形成拦沙坎，且应高于冲沙闸底板，以便于冲沙闸有效冲沙。为了防止漂浮物进入渠道，进水闸前应设置拦污栅；为了保证进水闸的正常工作，进水闸还应设置检修闸门、工作闸门和启闭设备。

（二）沉沙池

当河流含沙量较大时，会有少量的堆移质和大量的悬移质泥沙进入渠道，这不仅会造成渠道淤积，而且会使压力水管和水轮机过流部件遭到严重磨损。为此，一般当河流挟沙量超过 $0.5~kg/m^3$ 及进入水轮机的悬移质大粒径泥沙（指粒径大于 $0.25~mm$ 的泥沙）量超过 $0.2~kg/m^3$ 时，则应考虑设置沉沙池。沉沙池应布置在进水闸之后及引水道之前，以期先排除泥沙，然后将清水引入渠道或无压隧洞。

沉沙池的工作原理是通过加大过流断面积，以减小水流的流速及挟沙能力，使泥沙沉淀在沉沙池内，而将清水引入渠道。沉沙池的流速及其长度是沉沙池设计的关键指标，这通常需要结合水流泥沙含量及其颗粒组成等情况，通过计算或模型试验来确定。一般情况下，当泥沙粒径在 $0.25 \sim 0.40~mm$ 时，沉沙池中的平均流速可在 $0.25 \sim 0.50~m/s$ 之间选择，当大粒径的泥沙所占比重较大时，可选用较大的流速；沉沙池的长度应满足使 $80\% \sim 90\%$ 的泥沙能在此长度范围内沉淀下来的要求。

二、引水渠道及无压隧洞

（一）渠道的作用、要求及类型

作为无压引水式水电站的引水渠道，其功用是集中落差形成水头，并向机组输送流量。作为水电站的尾水渠道，其功用是将发电后的弃水排入下游河道。本节重点讨论引水渠道。由于这种引水渠道是专门为水电站服务的，所以也可将其称为动力渠道。水电站对引水渠道的基本要求如下：

第一，要有足够的输水能力。引水渠道应确保机组所需流量，并能适应流量的变化。为此，必须选择合理的断面形式和断面尺寸。

第二，水质要符合发电要求。由于渠道是露天布置的，因此渠道沿线临坡一侧通常应设置拦截坡面雨水、土石及杂物等的设施，如排水沟、拦石坎等。

第三，运行安全可靠。软基上的渠道必须进行必要的地基处理，确保地基稳定，避免渠道产生有害的不均匀沉降变形。不论岩基还是软基上的渠道，通常均须对底板和侧墙采取必要的防渗措施，如进行必要的衬砌，做好衬砌结构的分缝止水等。

第四，结构经济合理，便于施工及运行。渠道的纵向布置及断面形式和断面尺寸等，应在综合考虑地形地质、施工及运行等条件的基础上通过方案综合比较来选定，以确保渠道结构布置技术可行、经济合理。

渠道的断面形式在软基上一般为梯形，在岩基上常为矩形或接近矩形。为了减小渗漏损失和水力损失，渠道通常采用混凝土衬砌结构。

渠道的断面尺寸、纵比降和正常水深等通常是按照渠道以恒定均匀流通过设计流量 Q_d（一般取为水电站的最大引用流量 $Q_{\max}$）为基本条件而设计的。当水电站丢弃负荷时，水电站的引用流量小于渠道的流量，这时渠道中存在多余流量即电站弃水。根据渠道是否能够自动调蓄电站弃水，可将水电站引水渠道分为自动调节渠道和非自动调节渠道两类。

1. 自动调节渠道

自动调节渠道指能自动调蓄电站弃水的渠道。这种渠道的布置特征是：从渠首到渠末渠堤顶部高程不变，渠末压力前池处不设溢流侧堰，当电站负荷变化时，渠道水位可自行升降。

当渠道通过设计流量 Q_d（$Q_{\max}$）时，渠道中的水流处于均匀流状态；当渠道流量小于 Q_d 时，渠道末端水位壅高，渠道中的水流处于非均匀流状态；当渠道流量为零时，达到最高水位，即相应的水库静水位。这种渠道的优点是在水头和流量方面都能得到充分利用，同时在最高水位和最低水位之间的容积也可起到一定的调节作用；缺点是由于渠顶高程要求沿程不变，往往使得渠道的工程量增加很多。自动调节渠道适用于渠道较短、底坡相对平缓、运行期渠道水位变幅相对较小的水电站。

2. 非自动调节渠道

非自动调节渠道指不能自动调蓄电站弃水的渠道。这种渠道的布置特征是：渠底、渠顶采用同一纵比降，在渠道末端压力前池处布置一溢流侧堰，用以适应电站负荷的变化，并限制水位的升高。

当渠道通过设计流量 Q_d（$Q_{\max}$）时，渠道中的水流处于均匀流状态；当渠道流量小于 Q_d 时，渠道末端水位壅高，当渠道末端水位超过溢流侧堰堰顶时，溢流侧堰开始溢流、弃水（通过弃水道排入下游河道），在此过程中，渠道中的水流仍处于非均匀流状态；当水电站引用流量为零（相应的压力管道引水流量为零）而渠道仍通过设计流量 Q_d 时，溢流侧堰溢流、弃水流量达到最大值，渠道中相应出现非均匀流状态下的最高水面（位）线。这种渠道在水电站减小负荷时会发生弃水，造成一定的水量和水头损失，从而产生一定的电能损失，但沿程渠道断面均相对较小，当渠道较长时可大幅减少渠道的工程量。非自动调节渠道适用于渠道相对较长的水电站中。这种渠道在一般小型无压引水式水电站中应用较为普遍。本节后续内容均结合非自动调节渠道来展开讨论。

（二）渠道线路的选择

线路选择是水电站引水渠道设计的一项重要内容。线路选择时，应综合考虑渠道沿线的地形、地质、建筑物布置、施工及投资等各种相关因素，通过多方案综合比较来择优选定。线路选择的基本要求如下：

1. 渠道线路应避开大溶洞、大滑坡及泥石流等不良地质地段。在冻胀性、湿陷性、膨胀性、分散性、松散坡积物以及可溶盐土壤上布置渠线时，应采取相应的工程措施。

2. 渠道线路宜少占或不占耕地，不宜穿过矿区、集中居民点、高压线塔、重点保护文物、重点通信线路、地下管网以及重要的铁路、公路等。

3. 山区渠道明渠段宜沿山坡等高线布置渠线，也可采用明渠与无压隧洞（明流隧洞）或暗渠、渡槽、倒虹吸相结合的布置形式，以避免深挖高填。

4. 引水渠道的转弯半径，衬砌渠道不宜小于渠道设计水位水面宽度的 2.5 倍，不衬砌土渠不宜小于设计水位水面宽度的 5 倍。

5. 寒冷地区渠道线路的选择应符合水工建筑物抗冰冻设计规范等的规定。

（三）渠道断面尺寸的确定

水电站引水渠道通常盘山修建，沿线的地形和地质条件不同，渠道相应的断面形式也应不同。岩基上一般采用矩形断面，软基（如土基、砂砾石地基等）上一般采用梯形断面。根据我国许多工程的实践经验，水电站引水渠道的经济流速一般为 1.5~2.0 m/s，初拟渠道断面尺寸时可做参考。

（四）无压隧洞

当引水渠道为缩短长度而穿越山体时，常采用无压隧洞（明流隧洞）。与渠道相比，无压隧洞具有线路较短、不受冰冻影响、沿程无水质污染、运行较为安全可靠等优点，但其对地质条件和施工技术要求相对较高。

无压隧洞线路的选择，应考虑地形、地质、施工、水力及电站总体布置等因素，通过多种方案的综合比较择优选定。线路选择的基本要求如下：

1. 隧洞线路宜顺直，尽可能减少转弯。确须转弯时，转弯半径不宜小于洞宽或洞径的 5 倍，转角宜小于 60°，转弯段首尾宜设直线段，其长度宜大于 5 倍洞宽或洞径。

2. 隧洞进出口宜布置在地质构造简单、山坡稳定、风化或覆盖层较浅的地段，并避免高边坡开挖。

3. 洞线与岩层、构造断裂面及主要软弱带走向宜有较大的交角，并应避开严重构造破碎带、软弱结构面及地下水丰富地段。

4. 相邻两洞（如与泄水隧洞相邻等）岩体厚度不宜小于 2 倍洞宽，岩体较好时可适当减小，但不应小于 1 倍洞宽。

5. 应有利于施工支洞的布置。

无压隧洞常采用圆拱直墙式（城门洞形）断面或马蹄形断面。圆拱直墙式断面的圆拱中心角可选用 90°~180°，高宽比可选用 1.0~1.5。为满足施工要求，洞宽不宜小于 1.5m，且洞高不宜小于 1.8m。无压隧洞应根据围岩强度、完整性及渗透性等，采用喷锚衬砌、混凝土衬砌或钢筋混凝土衬砌。与引水渠道类似，作为水电站引水建筑物的无压隧洞，其断面尺寸也应通过动能经济比较进行选择。无压隧洞的过水断面一般为矩形，其水力条件与矩形断面渠道相同，因此其水力计算的内容和方法也与矩形断面渠道相同。在恒定流条件下，洞内水面线以上的空间面积不宜小于隧洞断面总面积的 15%，且水面线以上的空间高度不宜小于 0.4m；在非恒定流条件下，上述数值可适当减小。

三、压力前池及日调节池

（一）压力前池

压力前池是无压引水道（引水渠道或无压隧洞）与压力管道之间的连接建筑物。压力前池的主要作用有：①布置压力管道进水口，进行无压引水道无压流到压力管道有压流的过渡；②给各压力管道均匀地分配流量，并对其加以控制；③清除水中的污物、泥沙及浮冰等；④反射由压力管道传来的水锤波；⑤宣泄多余水量，抑制无压引水道中的水位波动。

1. 扩散段。从引水渠道末端开始，逐渐将过流断面加宽，以适应布置压力管道进水口的宽度要求。扩散段两侧墙的扩散角不宜大于 12°。

2. 池身段。从扩散段末端开始，逐渐将过流断面加深，以适应布置压力管道进水口的深度要求；在底板下降以后，为了沉沙廊道进口布置等需要，通常又设置一段水平底板的池身。池身前段的底坡坡比不宜陡于 1∶5。

3. 压力管道进水口（闸室段）。为有压进水口，通常采用整体布置方式。

4. 泄水建筑物。一般在池身一侧的边墙上部设置开敞式溢流侧堰，堰下游布置泄水道（包括渐变段、缓坡段、陡坡段及消能段等）。

5. 排污、排沙、排冰设施。由于从渠首或渠道沿线进入渠道的污物及泥沙大多会进入前池，再加之前池过流断面增大，泥沙也更容易在前池沉积，因此，通常必须结合压力管道进水口设置排污及排沙设施。在严寒地区还要设置拦冰及排冰设施。

压力前池布置设计应特别注意下列问题：①前池尤其是闸室的地基稳定问题。前池的位置应避开滑坡、顺坡裂隙发育和高边坡地段，应结合压力管道线路和厂房位置，将其布置在坚实稳定、透水性小的地基上。②各种建筑物及设备的协调布置问题。压力前池需要布置的建筑物和设备较多且较为密集，而其位置又位于地势较高的山坡上，因此设计时应协调好各种建筑物及设备的布置，既能满足各种建筑物和设备的安全运行要求，又能尽量减小坡面开挖、节约工程投资。

（二）日调节池

当水电站须在日负荷图的峰荷或腰荷工作时，水电站的引用流量在一日之内在零与 Q_{max} 之间变化，这时就无必要将水电站的最大引用流量 Q_{max} 作为渠道的设计流量来进行渠道的断面设计。

在这种情况下，当地形条件允许时，可考虑在压力前池附近修建日调节池。此时，可取渠道的设计流量 Q_d 为水电站的平均引用流量 $\bar{Q}$，而日调节池的容量可按水电站的运行方式通过流量调节计算确定，这样在水电站停止工作和负荷减小时，渠道引来的多余流量便可储存在日调节池中；在水电站引用流量超过 $\bar{Q}$ 即渠道的设计流量时，则由日调节池供出不足流量。因此，设置日调节池以后，通过其对水量的日调节，不仅可使水电站具有日调节功能、改善电站的运行条件，而且还可减小引水渠道的投资。一般情况下，日调节池越靠近压力前池，其作用越大。

泥沙淤积是影响日调节池正常运行的一个关键问题。为此，在引水渠道中水流含沙量较高时（如汛期），为防止泥沙在日调节池中产生淤积，可关闭日调节池进口闸门，使水电站仅以引水渠道提供的 $\bar{Q}$ 在基荷工作。

第二节　水电站的有压进水及引水建筑物

一、水电站的有压进水口

（一）有压进水口的形式

有压进水口指流道均淹没于水中，并始终保持满流状态，具有一定压力水头的进水口。由于具有较大的水库和消落深度，为了保证在任何情况下都能向水电站引水，进水口必须设置在死水位以下，这样才能保证进水口和引水建筑物始终在压力状态下工作。一般来讲，根据进水口与坝体之间的位置关系，可将有压进水口分为整体布置进水口和独立布置进水口两大类。

1. 整体布置进水口

整体布置进水口指水电站进水口与枢纽工程主体建筑物组成整体结构的进水口，包括坝式进水口、河床式水电站进水口。

（1）坝式进水口

坝式进水口一般用于坝式水电站，其特点是将进水口布置在混凝土坝体的迎水面上，在进水口后接压力管道。为了减小进水口的长度，往往将进口段与闸门段结合在一起，并将拦污栅布置在坝上游的悬臂上，将检修闸门和工作闸门布置在喇叭口的过渡段内；将渐变段和弯管段结合在一起，为了减小水头损失和减小水流在转弯处的离心力，弯管段的曲率半径一般不小于 2 倍的管道直径。

（2）河床式水电站进水口

河床式水电站进水口是厂房坝段的组成部分，它与厂房结合在一起，兼有挡水作用。适用于设计水头在 40 m 以下的低水头大流量河床式水电站。这种进水口的排沙和防污问题较为突出，可通过在进水口前缘坎下设置排沙底孔、排沙廊道等排沙设施，减少通过机组的粗砂。当闸门处的流道宽度太大，使进水口结构设计和闸门结构设计比较困难时，可在流道中设置中墩。

2. 独立布置进水口

独立布置进水口指独立布置于枢纽工程主体建筑物之外的进水口，包括岸式进水口、塔式进水口，实际应用过程中应根据地形、地质条件选择。

（1）岸式进水口

岸式进水口指独立布置于岸边的进水口，包括岸塔式进水口、岸坡式进水口、竖井式进水口。

①岸塔式进水口。岸塔式进水口指背靠岸坡布置，闸门设在其塔形结构中，可兼作岸坡支挡结构的进水口。其进口段和闸门段均布置在山体之外，形成一个背靠岸坡的塔形结构。这种进水口承受水压力，有时也承受山岩压力，因而需要足够的强度和稳定性。

②岸坡式进水口。岸坡式进水口指闸门门槽（含拦污栅）贴靠倾斜岸坡布置的进水口。其结构连同闸门槽、拦污栅槽贴靠倾斜的岸坡布置，以减小或免除山岩压力，同时使水压力部分或全部传给山岩承受。由于检修或事故闸门根据岸坡地形倾斜布置，闸门尺寸和启闭力增大，布置也受到限制，这种进水口使用得不多。

③竖井式进水口。竖井式进水口指闸门布置于山体竖井中，入口与闸门井之间的流道为隧洞段的进水口。竖井式进水口具有较长的进口段，在进口段布置有拦污栅和喇叭形进口；在闸门段，检修闸门和工作闸门安装在开挖的竖井中，通气孔与进人孔相结合，同时布置在闸门井中；其后通过渐变段与压力隧洞连接。这种进水口适用于隧洞进口地质条件

较好、便于对外交通、地形坡度适中的情况。竖井式进水口可充分利用岩石的作用，减少钢筋混凝土用量，是一种既经济又安全的结构形式。

（2）塔式进水口

塔式进水口指布置于大坝或库岸（河岸、渠岸）以外的独立布置进水口，根据需要可设计成单面单孔进水或周围多层多孔径向进水。当水库岸边地质条件较差或地形平缓，不宜在岸坡上修建进水口时，可采用塔式进水口。这种进水口修建在水库中，其顶部有工作桥与岸边相通，一般为单面进水，塔身底部布量有进口段和闸门段；也可由周围多层多孔进水，然后将水引入塔底岩基的竖井中。塔式进水口适用于岸坡附近地质条件较差或地形平缓从而不宜采用闸门竖井式进水口的情况。塔式进水口的结构较为复杂，施工也较困难，它要求进水塔基础牢固并不产生不均匀沉陷，同时进水塔还承受着水压力和风浪压力，在地震区还要承受地震惯性力和地震动水压力，因此在地震剧烈区不宜采用。

（二）有压进水口的位置和高程

1. 水电站有压进水口的位置

水电站进水口在枢纽中的位置，应尽量使入流平顺、对称，不发生回流和漩涡，不出现淤积、不聚集污物，泄洪时仍能正常进水。水流不平顺或不对称，容易出现漩涡；进水口前如有回流区，则漂浮的污物大量聚集，难以清除并影响进水。进水口后接引水隧洞时，还应与洞线布置协调一致，选择地形、地质及水流条件都适宜的位置。

靠近抽水蓄能电站进/出水口的压力隧洞宜尽量避免弯道，或把弯道布置在离进/出水口较远处，与进/出水口连接的隧洞在平面布置上应有不小于 30 倍洞径的直段。在立面上的弯曲段，因在其平面上仍是对称的，可采用一段较短的整流距离，用以减小弯道水流对进/出水口出流带来的不利影响。

2. 水电站有压进水口的高程

有压进水口应低于运行中可能出现的最低水位，并有一定的淹没深度，以避免进水口前出现漏斗状吸气漩涡并防止有压引水道内出现负压。

（三）有压进水口的主要设备

1. 拦污栅及其支承结构

拦污栅的主要功用是防止漂浮物进入进水口和阻塞进水口。拦污栅的布置可以是倾斜的，也可以是垂直的。倾斜布置时，其倾角一般为 60°～70°，它的优点是过水断面大、易于清污。坝式进水口的拦污栅一般为垂直布置，它支承在混凝土框架上并高出正常蓄水位，顶部用顶板封闭，其形状可以是多边形的，也可以是直线平面形。直线平面形拦污栅结构简单、清污方便，可以为水电站所有的进水口共用，故多应用于多机组的大中型水电站上。

为了便于拦污栅的清污和减小过栅的水头损失，要求拦污栅必须有足够的过水面积，所以一般控制水电站在最低水位时，过栅流速应不大于 1.0 m/s。拦污栅由若干块栅片组成，插入支承结构的栅槽中，每块栅片的宽度一般不超过 2.5 m，高度不超过 4.0 m。

一般情况下，水流正常通过拦污栅时的水头损失很小，然而被污物堵塞后会明显增大。因此，发现拦污栅被堵时，要及时清污，以免造成额外的水头损失。堵塞不严重时清污方便，堵塞过多时过栅流速大，水头损失加大，污物被水压力紧压在栅条上，清污困难，处理不当会造成停机或压坏拦污栅的事故。

拦污栅的清污方法随清污设施及污物种类不同而异。人工清污是用齿耙扒掉拦污栅上的污物，一般用于小型水电站的浅水、倾斜拦污栅。大中型水电站常用清污机，若污物中的树枝较多，不宜扒除时，可利用倒冲的方法使其脱离拦污栅。如引水系统中有调压室或压力前池，则可先增大水电站出力，然后突然丢弃负荷，造成引水道内短时间反向水流将污物从拦污栅上冲下，再将其扒走。拦污栅吊起清污方法可用于污物不多的河流，结合拦污栅检修进行，也用于污物较多、清污困难的情况。

在严寒地区要防止拦污栅封冻。如冬季全部或部分栅条露出水面，则要设法防止栅面结冰。一种方法是在栅面上通过 50 V 以下电流，形成回路，使栅条发热；另一种方法是将压缩空气用管道通到拦污栅上游侧的底部，从均匀布置的喷嘴中喷出，形成自下而上的夹气水流，将下层温水带至栅面，并增加水流紊动，防止栅面结冰。在特别寒冷的地区，有时采用室内进水口（包括拦污栅），以便保温。

2. 闸门及启闭设备

通常在有压进水口附近设置的闸门有工作闸门与检修闸门，考虑到经济和便于制造，在大中型电站上一般都是平面钢闸门。

工作闸门应能在机组或管道发生事故的情况下，2 分钟以内在动水中自动关闭，因此每一工作闸门应有其固定的启闭设备，通常为液压启闭机或电动卷扬机。工作闸门的开启是在静水中进行的，所以在进水口处还应设置旁通管和充水阀，以便在闸门开启前向管道内充水平压。

检修闸门设置在工作闸门之前，在检修工作闸门及门槽时用作堵水，因此几个进水口可合用一套检修闸门。检修闸门在静水中启闭，其启闭设备可以是移动的卷扬机，也可以是门机。

3. 通气孔及充水阀

通气孔设在工作闸门之后，其功能是当引水道充水时用以排气，当工作闸门关闭放空进水道时，用以补气以防止出现真空失稳。当闸门为前止水时，常利用闸门井兼作通气孔；当闸门为后止水时，则须设专用的通气孔。通气孔中常设爬梯，兼作进人孔。

通气孔顶端应高出上游最高水位，以防水流溢出。要采取适当措施，防止通气孔因冰冻堵塞，防止大量进气时危害运行人员或吸入周围物件。

充水阀的功能是开启闸门前向引水道充水，平衡闸门前后水压，以便闸门在静水中开启。

充水阀的尺寸应根据充水容积、下游漏水量及要求充满的时间等因素来确定。充水阀可安装在专门设置的连通闸门上、下游水道的旁通管上，但较为常见的是直接在平板闸门上设充水"小门"，利用闸门拉杆启闭。由于连接旁通充水阀的管路不便于检修，并且与水库相连，存在一定的安全隐患，加之不容易进行自动控制，所以旁通阀充水方法没有闸门上附设充水"小门"的方法流行。

二、地面压力管道

有压引水建筑物一般可分为地面压力管道、有压隧洞、坝身管道三类。地面压力管道也称为明管，它的作用是从水库、压力前池或调压室向水轮机输送水量。其一般特点是坡度陡、内水压力大和靠近厂房。当水电站突然丢弃全部负荷时，水管中会出现水锤压力，管道内压总值突然增大，因此在设计和施工方面都必须重视管道的安全可靠，否则管壁破裂就会带来严重后果。

（一）地面压力管道的类型

地面压力管道按制作的材料不同可分为钢管、钢筋混凝土管和钢衬钢筋混凝土管。

1. 钢管

钢管由钢板成形、焊接而成，具有很高的强度、材料节省、防渗性能好、水头损失小和施工方便等优点，广泛应用于大中型水电站。钢管布置在地面以上称为明钢管，布置于坝体混凝土中称为坝内钢管，埋设于岩体中称为地下埋管（埋藏式钢管）。

2. 钢筋混凝土管

钢筋混凝土管具有造价低、节约钢材、能承受较大外压和经久耐用等优点，通常用于内压不高的中小型水电站。一般可分为普通钢筋混凝土管、预应力和自应力钢筋混凝土管和预应力钢丝网水泥管等。其中普通钢筋混凝土管因易于开裂，一般适用于水头 H 和内径 D 的乘积 $HD<50$ m^2，预应力和自应力钢筋混凝土管适用于 $HD>200$ m^2，预应力钢丝网水泥管适用于 $HD>300$ m^2。

3. 钢衬钢筋混凝土管

钢衬钢筋混凝土管是在钢筋混凝土管内衬以钢板构成。在内水压力作用下钢衬与外包钢筋混凝土联合受力，从而可减小钢板的厚度，适用于大 HD 值管道情况。由于钢衬可以防渗，外包钢筋混凝土可按允许开裂设计，以充分发挥钢筋作用。

一般在大中型水电站中多采用钢管。

（二）地面压力管道的布置

由于水电站压力管道的根数和机组台数的不同，为了使水流以较小的水头损失、经济而安全地引入水电站厂房，地面压力水管的布置应着重研究其布置原则、供水方式和引进厂房的方式。

1. 压力管道的布置原则

压力管道是引水系统的一个组成建筑物。压力管道的布置应根据其形式、当地的地形地质条件和工程的总体布置要求确定，其基本原则可归纳如下：

（1）路线尽可能短而直。这样可缩短管道长度、降低造价、减小水头损失、降低水锤压力和改善机组运行条件。

（2）尽量选择良好的地质条件。地面压力管道应尽量敷设在坚固而稳定的山坡上，以免因地基滑动引起管道破坏；支墩和镇墩应尽量设置在坚固的基岩上，表面的覆盖层应予以清除，以防止支墩和镇墩发生有害位移。

（3）尽量减少管道的起伏波折。避免出现反坡，以利于管道放空，管道任何部位的顶部应在最低压力线以下，并有 2 m 的裕量。若因地形限制，为了减少挖方而将明管布置成折线时，在转弯处应设镇墩，管轴线的曲率半径应不大于 3 倍管径。此外，明钢管的底部至少应高出地表 0.6 m，以便于安装检修；若直管段超过 150 m，中间宜增加镇墩。

（4）避开可能发生山崩或滑坡的地区。地面压力管道应尽可能沿山脊布置，避免布置在山水集中的山谷之中，若管道之上有坠石或可能崩塌的峭壁，应事先清除。

（5）明钢管的首部应设事故闸门，并应考虑设置事故排水和防冲设施，以免钢管发生事故时危及电站设备和运行人员安全。

2. 压力管道的供水方式

按压力管道向机组供水的情况不同，供水方式可归纳为三类：

（1）单元供水

每台水轮机由一根水管供水的方式，称为单元供水。这种供水方式的优点是结构简单、运行方便，当一根水管发生故障或检修时不影响其他机组的运行。在水头不高、管道较短时，水管下端可不设阀门，只在进口设置事故闸门。其缺点是水管所用的钢材较多、土建工程量较大、工程造价高。故这种供水方式多适用于管道较短、流量大、单机容量大的水电站。

（2）集中供水

所有厂房中的水轮机都由一根总的压力管道供水时，称为集中供水。该总管至厂房前才进行分岔，分别引向各水轮机。这种供水方式的优点是水管数目少、管理方便，比较经济；其缺点是当总管发生故障或检修时，水电站全部机组都须停止运行。为了使每一台机组在检修时不致影响其他机组的运行，在水轮机前的进水管上都必须装置进水阀。这种供水方式多适用于单机流量不大、管道较长的情况。

（3）分组供水

当水电站机组数目较多时，采用数根管道，每根管道向几台机组供水，称为分组供水。这种供水方式的优缺点介于单元供水和集中供水之间，适用于压力管道较长、机组台数较多和容量较大的情况。

3. 引进厂房的方式

按压力管道通向厂房的方向不同，引进厂房的方式可归纳为两种：

（1）正向引进

管道轴线与厂房纵轴垂直，称为正向引进。这种正向引进水流时，水头损失小，厂房纵轴大致与山坡及河流平行，开挖量小，进厂交通也较方便；但当水管因事故破裂时，高压水流直冲厂房，危及厂房和运行人员的安全。因此，正向进入适用于水头不高和管道不长的情况。

（2）侧向引进

管道轴线与厂房纵轴斜交或平行，称为侧向引进。这种侧向引进时，可减小管道发生事故时对厂房的威胁，但增大了水头损失。

以上所述压力管道的各种供水方式和引进方式，究竟采用哪一种好，还要结合工程的具体情况布置出可能的方案，进行经济技术比较后方可确定。

（三）压力管道的经济直径

压力管道直径的选择是一个动能经济比较问题：增大直径，管道造价随之增高，但其流速减小，水能损失会小一些；反之，当减小直径，造价明显降低，但其流速增大，水能损失就要多一些。因此，需要初步列出几个可能的直径方案，进行比较，选定较为有利的管道直径，也可以将某些条件加以简化，推导出计算公式，直接求解。在可行性研究与初步设计阶段，可用以下彭德舒公式来初步确定大中型压力管道的经济直径。

$$D = \sqrt{\frac{5 \cdot 2 Q_{max}^3}{H}}$$

式中：Q_{max} 为压力管道的最大设计流量，m/s；H 为设计水头，m。

（四）钢管的材料、容许应力和管身构造

1. 钢管材料

钢管是压力管道中最为常见的一种形式，其材料应符合规范要求。钢管的受力构件有管壁、加劲环、支撑环及支座的滚轮和支撑板等。其中，管壁、加劲环、支撑环和岔管的加强构件等应采用经过镇静熔炼的热轧平炉低碳钢或低合金钢制造；垫板等附件一般采用铸铁、铸钢等钢材制造。

2. 钢管的容许应力

钢材的强度指标一般用屈服点 σ_s 表示。钢材的容许应力 [σ] 可用 σ_s 除以安全系数 K 获得。不同的荷载组合及不同的内力、应力特征应采用不同的容许应力。

3. 管身构造

焊接钢管是用钢板按要求的曲率辊卷成弧形。在工厂用纵向焊缝连接成管节，运到现场后再用横向焊缝将管节炼成整体。横缝的间距可依钢板的尺寸而定，纵缝在整个圆周上可以是一条或数条，相邻两节管子的纵缝应相互错开。为了保证焊接质量，通常是在工厂制作成管段，然后运到现场安装焊接，管段长度一般为 6~8 m。对大直径的钢管因运输不便时，可采用就地焊接。

管壁厚度一般经结构分析确定。管壁的结构厚度取为计算厚度加 2 mm 的锈蚀裕度。考虑制造工艺、安装、运输等要求，管壁的最小厚度不宜小于下式确定的数值，也不宜小于 6 mm。

$$\sigma \geqslant \frac{D}{800} + 4$$

式中：σ 为钢管直径（mm）。

（五）地面压力钢管的敷设方式和墩座

1. 敷设方式

地面压力钢管一般架设在一系列的支墩上，为了便于施工、维护与检修，钢管离开地面的高度应不小于 0.6 m，在钢管转弯处须设置镇墩（当钢管直线段长度大于 150 m 时，亦应考虑设置中间镇墩），使钢管完全固定不发生任何方向的位移。在自重和水重的作用下，地面压力钢管便相当于具有固定端的多跨连续梁，其在镇墩间的敷设方式有分段式和连续式两种。

（1）分段式

分段式敷设的特点是在两镇墩之间的钢管上设置伸缩节，将钢管分成两段，这样在温度变化时，钢管在支墩上可以沿轴向自由伸缩，以减小作用在管壁上的温度应力。为了减小伸缩节处的内水压力，伸缩节一般布置在靠近上镇墩处，这样使钢管对上镇墩的轴向拉力减小，对下镇墩的轴向压力增大，这也符合混凝土镇墩的受力特点。

（2）连续式

当在钢管上不设置伸缩节时称为连续式敷设，这样在温度变化时，由于镇墩的约束，将在管壁上产生很大的温度应力。连续式敷设一般只有在沟壑处，钢管在立面上采用拱形跨越时，方可采用。

2. 钢管的墩座

钢管上的墩座是指镇墩和中间支墩，由于钢管直径的不同和地形、地质条件的差异，它们的形式也有所不同。

（1）镇墩

镇墩是依其足够的体积和自重来固定钢管，承受钢管传来的轴向力，使钢管在转弯处（或镇墩设置处）不发生任何方向的位移。镇墩通常用混凝土浇筑而成，并用锚筋和钢管锚固在一起。按管道在镇墩上的固定方式，镇墩可分为封闭式和开敞式两种。封闭式结构简单，对水管固定牢固，应用较为普遍；开敞式便于钢管检修，多用于地质情况较好、镇墩上作用力不大的情况。

（2）支墩

支墩的作用是承受水重和管道自重在法向的分力，相当于梁的滚动支撑，允许管道在轴向自由移动。减小支墩间距可以减小管道的弯矩和剪力，但支墩数会增加，因此支墩的间距应通过结构分析和经济比较确定，一般在 6~12 m。按钢管与支墩间相对位移的特征，可将支墩分为滑动式、滚动式和摆动式三种。

①滑动式支墩。其特点是钢管沿支墩顶部滑动，按滑动面的结构情况可分为马鞍式和支承环式两种。

A. 马鞍式支墩。在混凝土支墩顶面装设有弧形钢垫板，垫板下部用锚筋与支墩相固定，钢管可在此垫板上滑动，支座包角 $\theta = 90° \sim 120°$。为了减小钢管滑动时的摩擦力，可在垫板与管身之间加注润滑油或填充石墨垫片。这种支座的优点是构造简单、造价便宜，但由于滑动摩擦系数较大，钢管产生的摩擦力也大，故一般用于直径小于 1.0 m 的钢管上。

B. 支承环式支墩。为了防止管壁的磨损，在钢管上焊接刚性支承环，用两点支承在支墩上，使支承环下部在支座上滑动。这样改善了支座处的管壁应力状态，减小了滑动摩阻，可防止滑动时磨损管壁。它可适用于直径在 2.0 m 以下的钢管。

②滚动式支墩。在支承环下部，两边各装一个圆柱形辊轴，它坐落在支墩的垫板上并可沿轴向滚动，从而可使摩擦系数减小到 0.1 左右，通用于直径在 2.0 m 以上的钢管，模式口水电站压力钢管上应用的就是这种支墩。但是由于辊轴直径不可能做得很大，所以辊轴与上下支承板的接触面积较小，不能承受较大垂直荷载，使这种支墩的使用受到限制。

③摆动式支墩。在支承环与支墩之间设置有摆动短柱，摆柱的下端铰支在支墩上，摆柱的顶端以弧形面与支承环的支承板接触，当钢管伸缩时，短柱以铰为中心前后摇摆。这种支墩摩阻力很小，能承受较大的垂直荷载，适用于大直径管道。

（六）地面压力管道的附属设备

1. 闸门和阀门

压力管道的进水口处常设置平面钢闸门，以便在压力管道发生事故或检修时用以切断水流。平面钢闸门价格便宜，便于制造，应用较广。平面钢闸门可用到 80 m 水头或更高。

在压力管道末端，即蜗壳进口处，是否需要设置阀门则视具体情况而定：如系单元供水，水头不高，或单机容量不大，而管道进口处又有闸门者，则管末可不设阀门；如为集中供水或分组供水，或虽系单元供水而水头较高和机组容量较大时，则须在管道末端设置阀门。

阀门的类型很多，有平板阀、蝴蝶阀、球阀、圆筒阀、针阀和锥阀等，但作为水电站压力管道上的阀门，最常见的是蝴蝶阀和球阀，极小型电站有时用平板阀。

（1）蝴蝶阀

蝴蝶阀由阀壳和阀体构成。阀壳为一短圆筒。阀体形似圆饼，在阀壳内绕水平或垂直轴旋转。当阀体平面与水流方向一致时，阀门处于开启状态；当阀体平面与水流方向垂直时，阀门处于关闭状态。蝴蝶阀的优点是启闭力小，操作方便迅速，体积小，重量轻，造价低。缺点是在开启状态，由于阀体对水流的扰动，水头损失较大；在关闭状态，止水不够严密。蝴蝶阀适用于直径较大和水头不很高的情况。

（2）球阀

球阀由球形外壳、可转动的圆筒形阀体及其他附件构成。当阀体圆筒的轴线与管道轴线一致时，阀门处于开启状态；若将阀体旋转 90°，使圆筒一侧的球面封板挡住水流通路，则阀门处于关闭状态。

球阀的优点是在开启状态时实际上没有水头损失，止水严密，结构上能承受高压。缺点是结构较复杂，尺寸和重量较大，造价高。球阀适用于高水头电站。

2. 伸缩节

伸缩节由钢板焊接而成，通常采用的有单套筒伸缩节和双套筒伸缩节，前者只允许钢管做轴向移动，而后者还可允许两侧钢管有小的角位移，以适应地基少量的不均匀沉陷。

3. 通气阀

通气阀常布置在阀门之后，其功用与通气孔相似。当阀门紧急关闭时，管道中的负压使通气孔打开进气；管道充水时，管道中的空气从通气阀排出，然后利用水压将通气阀关闭。在可能产生负压的供水管路上，有时也须设通气阀。

4. 进人孔

进人孔是工作人员进入管内进行观察和检修的通道。明钢管的进人孔宜设在镇墩附近，以便固定钢丝线、吊篮和布置卷扬机等。进人孔在管道横断面上的位置以便于进人为原则，其形状一般做成 450~500 mm 直径的圆孔。

5. 排水和观测设备

管道的最低点应设排水管，以便在检修管道时排除其中积水和闸门（阀门）漏水。

大中型压力管道应有进行应力、沉陷、振动、外水压力、腐蚀、磨损等原型观测设备。

三、有压隧洞及埋藏式钢管

（一）水电站有压隧洞工作的特点

一般情况下，引水式水电站在独立布置进水口以后大都采用圆断面的压力隧洞引水，这样可以使引水线路较短，避开沿线地表的不利地形及地质条件，也可以不受地表气候影响。当隧洞线路较长时，为了减小其中的水锤压力和改善机组的运行条件，在靠近厂房处须设置调压室。在调压室中具有自由水面，水锤波在调压室处即得到反射，这样调压室便将隧洞分成两段：在调压室和进水口之间的隧洞，其中可基本上不传播水锤压力，称为压力引水隧洞，这种隧洞往往布置的线路较长、纵坡很小（大都在 1‰~2‰ 之间），使其承受的水压力较小，水压力的数值主要取决于水库和调压室中的水位变化；调压室至厂房的一段隧洞，由于其中承受着较大的水头落差，而且还存在着水锤压力，故称为高压引水隧洞。

压力引水隧洞多处于山岩深层，一般情况下地质条件较好，又因承受水压力较小，故常采用单层或双层钢筋混凝土衬砌。而高压引水隧洞往往靠近山坡，地质条件较差，为了防渗和保持山坡稳定，多采取在岩体中埋置钢管，钢管与岩体之间充填素混凝土，使钢管、混凝土与围岩联合承担内水压力，这种结构形式的高压引水隧洞称为地下埋管或埋藏式钢管。埋藏式钢管在施工时，其钢衬可作为内模板，并省去了钢筋架立和绑扎的工作，而且混凝土的浇筑亦可采用混凝土泵进行，因而对施工非常有利。

埋藏式钢管与地面钢管相比，它可以缩短管道长度，在地质条件较好时还可利用围岩承担部分或大部分内水压力，从而减小管壁厚度以节省钢材。目前，国内外较高水头的水电站上广泛采用了这种埋藏式钢管。

（二）埋藏式钢管的布置形式

埋藏式钢管的布置形式通常有竖井式、斜井式和平洞式三种。

1. 竖井式钢管

竖井式钢管的轴线是垂直的，它适用于首次开发的地下水电站，这样可以使压力隧洞最短，从而减小水锤压力和隧洞的工程量。竖井的开挖通常是先自下而上地开挖导洞，然后自上而下地进行全断面开挖；钢管的安装和混凝土的回填，一般是自下而上进行的。

2. 斜井式钢管

斜井式钢管应用最广，斜井的坡度除受地形、地质影响外，常受施工方法的控制：自上而下开挖出渣时，坡度宜用 30°～35°；自下而上开挖出渣时，坡度可在 45°左右。

3. 平洞式钢管

平洞式一般作为过渡段使用。例如，调压室以后需要经过一段平洞和斜井相连接，斜井在进入厂房之前也需要转为平洞。

埋藏式压力钢管应尽可能地布置在坚固完整的岩体中，一般当完整岩石的覆盖厚度超过三倍开挖洞径时才宜考虑围岩分担内水压力。

（三）埋藏式钢管的结构和构造

埋藏式钢管相当于多层衬砌的隧洞，钢衬的作用是承担部分内水压力和防止渗漏，回填混凝土的作用是将部分内水压力传给围岩，因此回填混凝土与钢衬和围岩之间必须紧密结合。混凝土的厚度主要取决于钢管的安装和自身浇筑的需要，如钢衬需要在外部施焊时，一般可取为 0.5 m。在这样小的空间中浇筑混凝土一定要注意质量，尤其在斜井和平洞的顶拱和底拱处，平仓振捣困难，稀浆集中，容易形成空孔。

由于混凝土干缩和钢衬充水后的冷缩，在钢衬和混凝土之间、混凝土与围岩之间均存在有一定的缝隙，为了提高围岩的承载能力，常须顺次进行以下灌浆：

1. 顶拱回填灌浆。灌浆工作至少在混凝土浇筑 14 天后进行，灌浆压力一般用 0.2～0.5 MPa。

2. 接缝灌浆。在回填灌浆 14 天后，进行混凝土与围岩间、混凝土与钢衬间的接缝灌浆，并宜在气温较低时进行。灌浆压力一般用 0.2～0.5 MPa。

3. 围岩固结灌浆。一般在围岩较破碎时进行固结灌浆，完整的岩石可不进行固结灌浆。固结灌浆孔深一般在 4 m 左右，灌浆压力为 0.5～1.5 MPa。

灌浆通过钢管上预留的灌浆孔进行，并应在灌浆后封堵，以防运行后发生内水外渗。

（四）防止钢衬受外压失稳的措施

埋藏式钢管严重失稳的事故多发生于地下水压力的作用，特别是在水库蓄水之后由于水库渗漏会产生过高的地下水位，因此采取措施降低地下水位，是防止钢衬失稳的根本办法。在进水口之后的岩石中开挖有上、下排水平洞，中间打有排水孔，下端地下厂房亦起排水廊道作用，这样可使地下水位大为降低。

在钢衬周壁上设置排水孔，更能直接降低外水压力，但必须保证排水管可靠工作并易于检修。

做好钢衬与外围混凝土之间的接缝灌浆，减小施工缝隙，也有利于钢衬的抗外压稳定。严格控制流态混凝土每次的浇筑高度，使其不超过钢衬的稳定要求，否则可在钢衬内部架设临时支承。

四、坝内式钢管

坝后式水电站的压力管道，为了防止外围混凝土开裂渗水和坝体承受过大的管内水压力，一般都采取在坝内埋设钢管，所以坝内布置的压力引水钢管也称为坝内式钢管或坝内埋管。这种管道既减小了水头损失也方便了施工（钢管可作为施工时的内模板）。

坝内钢管通常有两种埋设方式：一种是钢管与坝体之间用弹性垫层分开，钢管承受全部内水压力，可按地面钢管设计；另一种是钢管与外围混凝土整体浇筑在一起，两者共同承担内水压力，这样可以减小钢材用量，但要求钢管外围混凝土的厚度不小于一倍的管径。对后一种管道：在施工时可先在坝体内预留管槽以供敷设管道，待钢管安装就绪后再用混凝土回填，这样可以减少坝体施工和钢管安装的矛盾；管槽的尺寸应满足钢管安装和混凝土回填的要求，使钢管的两侧和底部有 1 m 的空间；斜管段底部可采用台阶过渡，管槽的两侧应预留键槽和灌浆盒，或采用打毛、设插筋等措施以保证回填混凝土和坝体一期混凝土有良好的结合。

（一）坝内式钢管的布置

1. 立面布置

坝内式钢管在立面上的布置一般采用以下三种方式：

（1）坝内管轴线大致与下游坝坡平行。这种布置可使进水口放在较高的位置，并可降低闸门和启闭设备的造价，但其管线较长、转弯较多、水头损失较大、钢材用量也较多。

（2）其优点是管道长度短，转弯少。缺点是进水口和管道位置较低，它们所承受的水压力增大。

（3）为了不削弱坝体，将钢管布置在坝体后的斜坡上，这样施工干扰较少，并可加快施工进度。坝后背管可以看作是支承在连续管床上的地面压力钢管，内水压力完全由钢管承受。如已建的东江水电站，在拱坝的下游面上就布置了坝后背管，并在钢管外面用钢筋混凝土包裹。

2. 平面布置

当厂房和坝体之间设有永久缝时，可将机组段与坝段错开布置，这样可使管道也布置在坝段中央以保证外围混凝土所必需的厚度；若厂坝之间不设永久缝而且坝段和机组段的分缝在一条直线上时，则管道就布置为斜向，这可能使外围混凝土因厚度不能满足要求而不参与承受内水压力。

（二）坝内式钢管的结构计算

坝内式钢管的结构计算包括内部钢管和外围钢筋混凝土的强度计算。当钢管与外围混凝土之间设置垫层或外围混凝土最小厚度等于或小于管道半径时，内水压力完全由钢管承受，则钢管按地面钢管设计。

根据管道距坝体边界的距离，外围混凝土可能是一侧、两侧或三侧为有限域，为了便于计算，可将结构按边界最小距离看作是圆孔周边均为有限域的轴对称结构，并作为平面变位问题考虑。

五、分岔管

当水电站的供水方式采用分组供水或联合供水时，在管道末端必须设置分岔管，以便将主管中的水流分别引入水轮机中。大中型水电站上的分岔管由钢板成型焊接而成，因而也称为钢岔管。当钢岔管埋设在地下时，称为埋藏式钢岔管。对埋藏式钢岔管，若不考虑山岩分担的荷载时，亦可按地面钢岔管设计。

（一）分岔管布置

常用的分岔管布置形式有对称的 Y 形和非对称的 y 形两种。一般对一管二机，多采用Y 形布置；对一管多机，多采用 y 形布置；也有采用 Y 形和 y 形组合布置的。

岔管的结构复杂、水头损失集中，而且靠近厂房，所以在布置、选型、设计中应尽量做到结构合理，不产生过大的应力集中和位移，使水流平顺，水头损失减小。

（二）几种常用的钢岔管

1. 贴边岔管

贴边岔管是在主、支管管壁互相切割的相贯线两侧用补强板加固钢岔管。适用于中低水头非对称型的地下埋藏式钢岔管，适用于支、主管直径之比在 0.5 以下的情况。

补强钢板焊接在主、支管上，置于管外。当主、支管直径比较大时，补强钢板也可用两层，管内外各一层，其宽度用（0.2~0.4）支管直径，厚度可与管壁厚度相同。

2. 三梁岔管

三梁岔管用三根首尾相接的曲梁作为加固构件。U 形梁承受较大的不平衡水压力，是梁系中的主要构件。

三梁岔管的主要缺点是梁系中的应力主要为弯曲应力，材料强度未得到充分利用，三个曲梁（特别是 U 形梁）常常需要较大的截面，这不但浪费了材料，加大了岔管的轮廓尺寸，而且可能需要锻造，焊接后还可能需要热处理。因此，三梁岔管适用于内压较高、直径不大的明钢管。

3. 月牙肋岔管

月牙肋岔管是三梁岔管的一种发展，是用一个完全嵌入管壳内的月牙肋板代替三梁岔管的 U 形管，并按月牙肋主要承受轴向拉力的原则来确定月牙肋的尺寸。月牙肋岔管的主管为倒锥管，两个支管为顺锥管，三者有一个公切球。

水工模型试验表明，在设计分流情况下，月牙肋岔管具有良好的流态，但在非对称水流情况下，插入的肋板对向一侧偏转的水流有阻碍作用，流态趋于恶化。肋板的方向对水流影响较大，在设计岔管的体形时，应注意使肋板平面与主流方向一致。

4. 球形岔管

球形岔管是由球壳、主支管、补强环和内部导流板组成。在内水压力作用下，球壳应力仅为同直径管壳环向应力的 1/2。但是，球形岔管突然扩大的球体对水流不利。为了改善水流条件，常在球壳内设导流板。导流板上设平压孔，不承受水压力，仅起导流作用。因此，球形岔管适用于高水头电站。

5. 无梁岔管

无梁岔管是在球形岔管的基础上发展而成的，用三个渐变的锥管作为主、支管与球壳的连接段，从而替代了球形岔管中的补强环，需要压制的球壳面积大大减小，只剩下两个面积不大的三角体。

无梁岔管是由球壳、锥壳和柱壳组成。结构模型试验表明，无梁岔管的 A、B、C、D、E、F、G 等部位由于管壁不连续，是应力集中区域。爆破试验的破口多出现在这些部位。因此，无梁岔管常适用于埋管。

第五章 水电站的运行与维护

第一节 水轮发电机组附属设备的运行与维护

一、水系统的运行与维护

水电站的供水包括技术供水、消防供水和生活供水。技术供水是水轮发电机组及附属设备的生产用水；消防供水可供主厂房、发电机、变压器、油库等处的灭火；生活供水主要为正常生活用水提供水源，如饮用、厕所用水等。中小型水电站一般以技术供水为主，兼顾消防供水和生活供水。

（一）技术供水的对象和作用

技术供水的主要作用是用来对水轮发电机组各部进行冷却和润滑，其中又以冷却为主，润滑一般只用于水轮机的水导轴承，但应用比较少。此外，技术供水还可以作为水冷变压器和机组油压装置的冷却介质，以及电站部分设备的操作能源。

1. 机组轴承冷却器

机组轴承冷却器主要有发电机的推力轴承、上导轴承、下导轴承和水轮机导轴承。机组运行时轴承处产生的机械摩擦损失，以热能形式聚集在轴承中。由于轴承是浸在透平油中的，油温升高将影响轴承寿命及机组安全，并加速油的劣化。因此，将冷却器浸在油槽内，通过冷却器内的冷水将热量带走，达到将油加以冷却并带走热量的目的。

用各种方式以水冷却透平油，从而控制轴承的工作温度，是水轮发电机组正常运行的重要条件之一。轴承的工作温度一般为 40~50 ℃，最高 70 ℃，一旦发现温度过高，必须立即停机。

2. 发电机空气冷却器

发电机运行时产生电磁损失及机械损失，这些损失转化为热量，影响发电机出力，甚至发生事故，需要及时进行冷却将热量散发出去。大型水轮发电机采用全封闭双闭路自循环空气冷却，利用发电机转子上装设的风扇，强迫空气通过转子绕组，并经定子的通风沟排出。吸收了热量的热空气再经设置在发电机定子外围的空气冷却器，将热量传给冷却器中的冷却水并带走，然后冷空气又重新进入发电机内循环工作，保持定子绕组、转子绕组温度在正常范围，一些小容量的发电机转子上未装设风扇，但装设上、下挡风板，使冷、热风在密闭的空间内进行交换，热量由空气冷却器带走。空气冷却器是一个热交换器，它是由许多根黄铜管组成，冷却水由一端进入空气冷却器，吸收热空气的热量变成温水，从另一端排出。空气冷却器的个数和结构随机组的容量不同而不同。

3. 变压器油的冷却

一些水电厂主变压器采用外部水冷式（即强迫油循环水冷式），是利用油泵将变压器油箱内的油送至通入冷却水的油冷却器进行冷却，为防止冷却水进入变压器油中，应使冷却器中的油压大于水压。变压器的冷却方式有油浸自冷式、油浸风冷式、内部水冷式和外部水冷式等。内部水冷式是将冷却器装置在变压器的绝缘油箱内；外部水冷式是强迫循环水冷式用油泵抽出变压器油箱中的运行油，加压送入设置在变压器外的油冷却器进行冷却。此方法散热能力强，使变压器尺寸缩小，便于布置，但须设置一套水冷却系统。

4. 油压装置的水冷却

油压装置的油泵在旋转时和压力油流在流动时，由于摩擦原因都会产生热量，大型油压装置的这一问题比较突出，尤其在油泵频繁启动时温度可能迅速升高。油温过高会使黏度下降，对液压操作不利，而且加快油的劣化。为了控制油的工作温度，大型油压装置常在回油箱中设冷却管，以水冷却汽轮机油。

5. 水压操作的设备

一些高水头电站使用高压水来操作进水阀，不仅减少了油压装置从而节省投资，而且运行费用也得到降低。高压水流还可以用于射流泵，作为电站的排水泵。另外，不少水轮机主轴的工作密封采用橡胶密封结构，要求用有一定压力的清洁水作为密封及润滑使用。

总之，技术用水的基本作用是冷却、润滑和液压操作。

（二）技术供水的组成和对水的要求

技术供水系统由水源（包括取水和水处理设备）、管网、用水设备以及测量控制元件组成。技术供水水源的选择非常重要，在技术上须考虑水电站的形式布置和水头满足用水设备所需的参数。这些参数包括技术供水的水量、水压、水温和水质的要求，力求取水可靠、水量充足、水温适当、水质符合要求，以保证机组安全运行，整个供水系统设备操作维护简便，在经济上须考虑投资和运行费用最省。如果选择不当不仅可能增加投资，还可能使电站在以后长期的运行和维护中增加困难。技术供水系统除正常工作的水源外还应有可靠的备用水源，防止因供水中断而被迫停机，对水轮机导轴承的润滑水和对水冷推力瓦的冷却水要求备用水能自动投入，因供水稍有中断轴瓦就有被烧毁的可能。一般情况下均采用水电站所在的河流电站上游水库或下游尾水作为供水系统的主水源和备用水源，只有在河水不能满足用水设备的要求时才考虑其他水源，例如地下水源作为主水源或补充水源或备用水源。

1. 技术供水水源

从上游取水可以利用水电站的落差，对水头 12~80 m 的电站能很方便地实现自流供水，因此这是电站设计时首先考虑的水源类型。当上游取水无法满足机组运行的条件时，通常采用下游取水的方式。

(1) 压力钢管取水或蜗壳取水

这种取水方式一般取水口位置布置在钢管或蜗壳断面的两侧，在 45° 方向上，避免布置在顶部和底部，在顶部有悬浮物，在底部有积存的泥沙。优点是引水管道短，节约投资，管道可集中布置，便于操作。

(2) 坝前取水

取水口可设置数个，在取水口前均装置拦污栅和小型闸门。常在不同地点和不同高程设置几个取水口，适应上游水位的变化，或选择适当的水温，引用含沙量较少的水。

坝前取水供水最为可靠，在机组及进水闸门检修时仍能供水，某个取水口堵塞也不影响机组的运行。但是，坝前取水管道较长，主要用于坝后式及河床式电站。

(3) 下游尾水取水

当上游水位过高时，用上游高压水作为技术供水可能不经济，水位过低时上游取水不能满足水压要求。因此，上游水位过高或过低时，常用下游尾水做水源，通过水泵将水送至各用水部件。下游取水布置灵活，管道也不长，便于设置尺寸较大的水质处理设备。但应有两台以上的水泵，各水泵单独设置取水口，所用设备较多，运行费用也比较高。

(4) 地下水源取水

为了取得经济可靠和较高质量的清洁水以满足技术供水，特别是满足水轮机导轴承润滑用水的要求，电站附近有地下水源时可考虑加以利用。地下水源比较清洁，水质较好，某些地下水源还具有较高的水压力，有时可能获得经济实用的水源。地下水常用水泵抽取，投资及运行费用比较高。

2. 技术供水方式

水电站供水方式因电站水头范围不同而不同，其中常用的供水方式有自流供水、水泵供水，以及两者混合使用构成的混合供水方式和射流泵供水等。

(1) 自流供水

自流供水系统的水压是由水电站的自然水头来保证的。当水电站平均水头在 20~40 m 时，且水温水质符合要求，采用自流供水，适用于水头在 12~80 m 的电站。为保证各冷却器进口的水压符合制造厂的要求，当水头在 40~80 m 时一般装设可靠的减压装置，对多余的水压力加以削减即自流减压供水方式。减压装置又分为自动减压装置和固定减压装置两种。

（2）水泵供水

当电站水头高于 80 m 或低于 12 m 时采用水泵供水方式，对于低水头电站取水口可设置在上游水库或下游尾水，对于高水头电站一般均采用水泵从下游取水。采用地下水源时若水压不足亦用水泵供水。用水泵供水，供水的压力、流量均由水泵来保证。

水泵供水方式布置灵活，特别是对于大型机组，可以各机组就近装设一套专用的技术供水系统，便于自动控制。水泵供水的主要问题是供水可靠性差、设备多、投资大、运行费用高。供水泵必须设两台或更多，运行中互为备用，而且应当有可靠的备用电源。

（3）混合供水

混合供水方式适用于水头在 12~20 m 的电站，不宜采用单一供水方式时，一般设置混合供水系统及自流供水和水泵供水的混合系统。当水头比较高时采用自流供水，水头低或水头不足时采用水泵供水，经过技术经济比较确定操作分界水头。因为水泵使用时间不多可不设置备用水泵，主管道只设一条，这样可以在不降低安全可靠的条件下减少设备投资，简化系统。也有一些混合供水的水电站根据用水设备的位置及水压水量要求的不同，采用一部分设备用水泵供水，另一部分设备用自流供水的方式。

（4）射流泵供水

当电站水头为 80~160 m 时采用射流泵供水，由上游水库取水作为高压工作液流，在射流泵内形成射流，抽吸下游尾水，两股液流形成一股压力居中的混合液流供机组技术供水用。射流泵供水兼有自流供水和水泵供水的特点，运行可靠，维护简便，设备和运行费用低。

3. 技术供水管网组织

技术供水设备管网组织根据机组的单机容量和电站的装机台数，一般有以下几种类型：

（1）集中供水系统

全电站所有机组的用水设备都由一个或几个公共取水设备供水，通过全电站公共供水干管供给各机组用水。这种系统设备数量较少，管道、阀门可以集中布置，运行操作和维护比较方便，因此在中小型电站经常采用。

（2）单元供水系统

每台机组设置独立的取水口、管道等，自成体系，独立运行。由于各台机组之间互不干扰，便于自动控制和检修，因此适用于大型机组或电站只装一台机组的情况，此方法运行灵活，可靠性高，易于实现自动化。

（3）分组供水系统

当机组台数较多时，将机组分成几组，每组设置一套设备，且具有单元供水的特点。分组供水系统既比较灵活，又减少了设备，运行管理也比较方便。

4. 技术供水管网设备

（1）供水泵

技术供水系统中，常用卧式离心泵作为供水泵，其价格低廉，结构简单，维护方便，运行可靠；深井泵也可以作为技术供水泵，其结构紧凑，性能较好，管道短，但价格较贵。

（2）管道

管道由取水干管、支管及管路附件等组成。干管直径较大，把水引到厂内用水区。支管直径较小，把水从干管引向用水设备。管路附件包括弯头、三通、法兰等，是管网不可缺少的组成部分。

（3）滤水器

无论何种取水方式，其水源都不可避免地带有各种杂质，因此在每个取水口后面必须装置滤水器。滤水器过滤出杂质，确保冷却或润滑设备能正常工作。为了不影响供水，一般采用旋转式滤水器。由于水导轴承润滑用水水质要求很高，因此须设专门的滤水器。

（4）阀门

阀门分为闸阀和截止阀，作用是截断水流和调节流量。闸阀的优点是密封性能好，易于启闭；缺点是外尺寸大，阀门闭合面检修困难。截止阀的优点是结构简单，操作灵活，止水效果好，尺寸小；缺点是水力损失大。

（5）测量控制元件

测量控制元件主要包括阀门、压力表、减压阀、示流信号器、自动排污控制系统等，用以监视、控制和操作供水系统的有关设备，保证供水系统正常运行。

5. 技术供水对水的要求

（1）水温

用水设备的进水温度一般在 4~25 ℃ 为宜，进水温度过高不利于机组各部散热，过低会使冷却器黄铜管结露，甚至破裂损坏。

（2）水压

为了保证冷却需要的水量和必要的流速，要求进入冷却器的水有一定的流速水压。水压过低，起不到冷却和润滑的效果，水压过高，易造成设备损坏。因此，正常水压一般不超过 0.2 MPa。

（3）水质

为满足水质的要求，一般在取水口设置拦污栅，为用水设备装滤水器，防止冷却管路堵塞和结垢。一般每年夏季，河流上游来水多，雨季山上的树木、杂草进入库区，很容易造成冷却器堵塞、水电机组转轮室堵塞，出力降低，甚至被迫停机，必须进行处理。河水中含有多种杂质，特别是汛期河水浑浊、含沙量剧增，所以需要对河水进行净化和处理，以满足各用水部件的要求。水的净化可分为两大类，分别为清除污物和清除泥沙。滤水器是清除水中悬浮物的常用设备，按滤网的形式分为固定式和转动式两种。滤水器的网孔尺寸视悬浮物的大小而定，一般采用孔径为 $2\sim6$ mm 的钻孔钢板外面包有防锈滤网。水流通过滤网孔的流速一般为 $0.10\sim0.25$ m/s，滤水器的尺寸取决于通过的流量。

清除泥沙常用的方法有水力旋流器、平流沉淀池和斜流式沉淀池。目前，小型电站采用水力旋流器，大型电站采用沉淀器清除污泥。有的电厂由于水质污染，要对水进行处理，包括除垢、水生物防治及离子交换法除盐。

6. 消防供水系统

消防水主要用于发电机、变压器、主厂房及油系统灭火，消防水的取水方式与技术供水的取水方式基本相同，一般取自压力钢管、蜗壳或尾水等。

（1）发电机灭火

发电机在运行时可能由于定子绕组匝间短路，或接头开焊等事故而起火。为了避免事故的扩大，应立即采取灭火措施。发电机采用喷水灭火，在定子绕组的上方与下方各布置灭火环管一根。正常运行时发电机灭火水管不与消防水源相接，灭火时利用软管和快速接头与消防水源接通。灭火时要确认发电机已断电，禁止带电灭火。闻味是闻发电机灭火水管中的味道，即风洞里的味道。

（2）变压器灭火

为保证灭火效果良好，每台主变压器均设有多个消防龙头。平时消防龙头供水阀门关闭。灭火时要确认变压器已断电。

（3）主厂房及油系统灭火

主厂房水轮机层、发电机层、安装间及油库内均设有消防栓，设备着火时可进行灭火。

（三）水系统的巡回检查和维护

1. 技术供水系统的巡回检查

技术供水系统的正常运行是水轮发电机组安全运行的重要保障，因此，无论对运行机组还是备用机组，值班人员必须定时对供水系统进行巡回检查，发现异常情况及时处理。

当供水系统在异常方式运行时或存在缺陷而机组暂时不能停机时，更要增加巡回检查次数，并对缺陷设备重点检查。

（1）水轮发电机技术供水的巡回检查

值班员在巡回检查时，应按巡回检查路线，对系统内的设备做全面的检查。一般应首先检查技术供水干管的总水压是否合格，然后检查各支管的水压，包括推力轴承、上导轴承和下导轴承的水压是否在合格范围内。同时，还要检查各轴承的示流信号器指示是否合格，因为若因管路堵塞造成排水不畅或供水管路漏水，有时虽然压力合格，但冷却效果却变差，威胁设备运行。这时示流信号器应有反应，通过检查示流信号器的指示，可以判断出故障点的位置。

在巡回检查水系统的工作参数的同时，还应注意各部位是否有漏水或跑水的地方，冷却水滤水器上、下游侧压力是否接近，各阀门的位置指示灯是否正确，阀门和滤水器发电机电源及控制电源工作是否正常。夏季时管路是否有出汗现象，冬季时水系统环境温度是否低于5 ℃。若温度过低，应采取加热措施，防止管路结冰。尤其冬季时机组停机备用，或是对于备用水管路，由于管路里的水处于静止状态，更要对环境温度加强监视。必要时，要定期对冷却水和备用水进行充水试验，及时掌握技术供水管路的工作情况。

（2）水轮机技术供水的巡回检查

水轮机技术供水主要是水导轴承和止水轴承的冷却水和润滑水，其巡回检查项目和方式与发电机的水系统基本相同。需要注意的是，有的机组止水轴承的冷却水或润滑水可能排到水轮机顶盖处，巡回时要检查水轮机顶盖积水情况，若发现积水异常时要及时处理，防止淹没水轮机导轴承。

2. 供水系统的常见故障与处理方法

（1）供水水压降低

对于技术供水系统，水压降低可导致发电机、变压器冷却效果变差，引起温度升高的严重后果。处理时要进行全面检查，如果是取水口堵塞，则对取水口进行吹扫；滤水器堵塞则进行清扫排污；自动减压阀失灵则打开旁通阀（只对主变压器冷却）供水，并联系检修人员处理。水轮机主轴密封水压降低会引起主轴密封刺水的现象，如为供水管路或阀门破裂漏水引起水压降低，则关闭该供水总阀，对故障点的来水进行隔断，并打开备用供水阀门，维持正常供水；没有备用供水系统，则停机做好相应的安全措施，联系检修人员处理。若个别轴承冷却水压降低，应及时进行冷却水系统的正、反冲切换。

（2）供水水压升高

对于技术供水系统，水压升高超过额定值有可能导致冷却器破裂漏水的严重后果，应调整水压在额定范围之内。如果由于备用水投入造成水压升高，应检查备用水投入的原因，查明原因后将备用水复归，并检查或调整工作水压正常。若因为管路堵塞造成水压升高，应通过检查各部示流信号器的工作状态来确定堵塞的位置，然后进行处理。

（四）排水系统

1. 排水系统的作用与组成

（1）排水系统的作用

水电站除了需要设置供水系统外，还必须设置排水系统。排水系统的作用是排除生产废水、检修积水和生活污水，避免厂房内部积水和潮湿，保证水电站设备的正常运行和检修。

（2）排水系统的组成

水电站的排水可分为生产用水排水、渗漏排水和检修排水三大类。但只有渗漏排水和检修排水列入排水系统。

①生产用水的排水。包括发电机空气冷却器的冷却水；发电机推力轴承和上、下导轴承油冷却器的冷却水；稀油润滑的水轮机导轴承冷却器的冷却水等。

这类排水对象的特征是排水量较大，设备位置较高，一般都能靠自压直排下游。因此，习惯上都把它们列入技术供水系统组成部分，不再列入排水系统范围。

②渗漏排水主要是排水轮机顶盖与主轴密封的漏水，压力钢管伸缩节、管道法兰、蜗壳及尾水管进入孔盖板等处的漏水；冲洗滤水器的污水、汽水分离器及贮气罐的排水、空气冷却器壁外的冷凝水、水冷空气压缩机的冷却水等，当不能靠自压排至厂外时，归入渗漏排水系统；厂房水工建筑物的渗水，低洼处积水和地面排水。

厂房下部生活用水的排水。渗漏排水的特征是排水量小，不集中且很难用计算方法确定；在厂房内分布广，位置低，不能靠自流排至下游。因此，水电站都设有集中贮存漏水的集水井或排水廊道，利用管、沟将它们收集起来，然后用设备排至下游。

③检修排水。当检查、维修机组或厂房水工建筑物的水下部分时，必须将水轮机蜗壳、尾水管和压力钢管内的积水排除。检修排水的特征是排水量大，高程低，只能采用排水设备排除。为了加快机组检修，排水时间要短。

2. 排水方式

（1）渗漏水排水方式

①集水井排水：此种排水方式是将水电站厂房内的渗漏水经排水管、排水沟汇集到集水井中，再用离心泵排至厂房外。由于厂内设置集水井容易实现，离心泵安装、维护方便，价格低廉。所以，目前中小型水电站渗漏排水多采用这种方式。

②廊道排水：这种排水方式是把厂内各处的渗漏水通过管道汇集到专门的排水廊道

内，再由排水设备排至厂外。此种方式多采用立式深井泵，且水泵布置在厂房一端。由于设置排水廊道受地质条件、厂房结构和工程量的限制，仅在装有立式机组的坝后式和河床式水电站中应用，加之立式深井泵的安装、维护复杂，价格昂贵，因此目前中小型水电站中采用较少。

（2）检修排水方式

①直接排水：此种排水方式是将各台机组尾水管与水泵吸水管用管道和阀门连接起来，机组检修时，由水泵直接将积水排除。其排水设备亦多采用离心泵。水泵可以和渗漏排水泵集中布置或分散布置。直接排水方式运行安全可靠，是防止水淹泵房的有效措施。目前，在中小型水电站中采用较多。

②廊道排水：这种排水方式是把各台机组的尾水管经管道与排水廊道连接，机组检修时，先将积水排入廊道，再由水泵排至厂外。采用此种方式时，渗漏排水也多采用廊道排水，两者可共用一条排水廊道，条件许可时，渗漏水泵也可集中布置在同一泵房内。因廊道排水方式的限制条件较多，所以它在中小型水电站中采用较少。

二、水电站的油系统

（一）水电站用油的种类及作用

1. 水电站用油的种类

根据设备用油的要求和条件，水电站的用油主要分为润滑油和绝缘油两类。

（1）润滑油

润滑油按照使用对象的不同又分为汽轮机油、机械油、空气压缩机油、润滑脂等四种。水电站使用量最大的是汽轮机油。

①汽轮机油：也叫透平油。调速器和水轮机主阀压油装置液压操作用油、推力轴承油槽和发电机上、下导轴承油槽以及油润滑的水导轴承油槽用油均为此类油。

②机械油：机械油的黏度较大，用于机组辅助设备机械润滑。如电动机、起重机和水泵等润滑用油。

③空气压缩机油：供空气压缩机润滑用。在活塞和气缸壁间起密封作用。

④润滑脂：俗称黄油，供机组辅助机械的滚动轴承、两支点端盖式卧轴机组滚动轴承润滑用。

（2）绝缘油

根据使用对象不同，绝缘油分为变压器油、断路器油两种。

①变压器油：供机组电力设备绝缘和散热用，主要是变压器及电流、电压互感器等。

②断路器油：供油断路器绝缘、消弧用。目前，开关设备的绝缘和灭弧主要使用六氟化硫和真空等介质，断路器油在开关中已很少使用。

2. 油的作用

（1）汽轮机油的作用

机组汽轮机油的主要作用为润滑、散热及液压操作用。

①润滑作用：油在机组的运行件与约束件之间的间隙中形成油膜，以润滑油膜内部的液态摩擦，代替固体之间的干摩擦，从而减少设备的磨损和发热，延长设备的使用寿命，提高设备的机械效益和安全运行。

②散热作用：机组在运行时，轴承轴瓦和主轴轴领相对高速运转，由此产生大量的热，如果不能及时散热，将会使轴承损坏。汽轮机油能吸收产生的热量，并把热量传递给油槽内的冷却器，降低温度，确保机组安全运行。

③液压操作：用于水轮机调速系统的汽轮机油，作为液压介质，能传递压力，通过调速系统对水轮机的运行起到了调速作用。

（2）绝缘油的作用

绝缘油主要用于电气设备的散热、消弧和绝缘。

在高压电气设备中，有大量的充油设备（如变压器、互感器、电抗器等）。这些设备中的绝缘油主要作用如下：

①使充油设备有良好的热循环回路，以达到冷却散热的目的。在油浸式变压器中，就是通过油把变压器的热量传给油箱及冷却装置，再由周围空气或冷却水进行冷却的。

②增加相间、层间以及设备的主绝缘能力，提高设备的绝缘强度。例如，油断路器同一导电回路断口之间绝缘。

③隔绝设备绝缘与空气接触，防止发生氧化和浸潮，保证绝缘不致降低。特别是变压器、电容器中的绝缘油，防止潮气侵入，同时还填充了固体绝缘材料中的空隙，使得设备的绝缘得到加强。

④在油路器中，绝缘油除作为绝缘介质之外，还作为灭弧介质，防止电弧的扩展，并促使电弧迅速熄灭。

（二）油的质量标准及劣化和防止措施

1. 油的质量标准

为了使机组的各种设备处于良好运行状态，对油的性能和成分有严格的要求。现将其中部分指标介绍如下：

（1）黏度

液体质点受外力作用后相对移动时，分子间产生的阻力称为黏度。对汽轮机油来说，黏度大时，容易附着在金属表面，形成油膜，这是有利的；不利的是黏度过大会增加摩擦阻力，阻碍流动性差，不利于散热。因此，要选用黏度合适的汽轮机油。

一般地说，在轴承面传递压力大和转速低的设备中使用黏度较大的油，反之使用黏度较小的油。为便于流动散热，绝缘油的黏度应更小一些。

（2）凝固点

油品失去流动性的最高温度称为凝固点。当油品达到凝固点后，不能在管道和设备中流动，还会使润滑油的油膜受到破坏。对于绝缘油，也会大大减弱散热和灭弧作用。故在寒冷条件下使用的油品，要求有较低的凝固点。

（3）闪点

在一定条件下加热油品，使油的温度逐渐增高，油的蒸气和空气混合后，遇火呈现蓝色火焰并瞬间自行熄灭闪光现象时的最低温度，称闪点。

闪点低的油品，特别是绝缘油易引起燃烧和爆炸。规定汽轮机油的闪点用开口闪点测定器测定，绝缘油的闪点用闭口闪点测定器测定。

（4）水分

新的绝缘油和汽轮机油不允许包含水分。但在运行中，水分可能由外界混入或由油氧化生成，将给设备带来不良的影响，必须加以重视。

油的绝缘强度是表征油绝缘性质的一项指标，通常以浸入试油中相距一定距离电极的最小击穿电压表示。绝缘油中含有水分时能使绝缘强度降低，如果油中含有 1/100 000 的水分，就可以使油的绝缘强度由 50 kV 降低到 18 kV。当绝缘油中有水分和固体杂质同时存在时，油的绝缘强度下降得更大。汽轮机油中混入水分时，不但会形成乳化，而且还会加速油的劣化，造成油的酸值增大、油泥沉淀物增多和对金属的腐蚀。

2. 油的劣化和防止措施

（1）油的劣化

水轮发电机组设备用油在储存与运行过程中，由于密封不严与运行中各种因素的影响，油中产生了水分，出现了杂质，增高了酸价，油中沉淀物增多。油的组成及性质发生了变化，改变了油原来的物理和化学性质，致使设备的安全经济运行得不到保证。机组用油发生的这种变化称为油的劣化。

油劣化的性质与程度，影响因素有多种，如新油组成成分和运行油的质量，油运行的方式和工作条件，油在运行过程中处于某种因素作用下的时间长短等。

油劣化的危害决定于油劣化时的生成物及其劣化程度，对于劣化时产生的溶解于油中的有机酸，增大油的酸价，腐蚀金属和纤维，加快油的劣化，对于劣化时产生不溶解于油中的油泥沉淀物，在油冷却器附近或油箱及管道和阀门等处，将大大妨碍油的散热及循环，使管道中循环油量减少，导致操作水轮机导叶或主阀时开关动作不灵，直接影响运行的安全。

对于高温下运行所产生的氢和碳化氢等气体，将与油面的空气相混合成为爆炸物，对设备运行更是危险，应严加注意。

（2）油劣化的原因及防止措施

油劣化的根本原因是油在高温下和空气中的氧起了化学反应，油被氧化了。氧化后的油酸价增高，闪点降低，黏度增加，颜色加深，并有胶质状油泥沉淀物析出。这不但影响了油的润滑和散热作用，还会腐蚀金属，使操作系统失灵。

促使油加速氧化的因素有以下几个方面：

①水分。水分混入油后，造成油的乳化，促进油的氧化，从而增加油的酸价和腐蚀性。对于机组的推力轴承和导轴承，因冷却水管路破裂、漏水、出汗等原因容易使水分进入油内。

为防止水分进入，应将用油设备密封，尽量与空气隔绝，注意冷却水压不宜过高，防止冷却器或管路渗漏。

②温度。当油的温度过高时，会造成油的分解、蒸发和炭化，降低闪点，加速油的氧化。油温升高将加速油的氧化，因为温度升高时，油吸收的氧气量增加，氧化作用加快。油温升高将降低油的闪点，因为油吸收的空气量与温度成正比例，高温时吸气，低温时排气。高温时吸入空气中的氧与油进行氧化，所以排出气体中氧气已减少，而且带有甲烷，因而降低了油的闪点。

油温升高的原因主要是设备运行不良造成的。如机组过负荷、冷却水中断、油面过低或因轴承摩擦表面之间的润滑油膜被破坏而产生干摩擦等。由于机组安装不好，运转时摆度过大，机组运转条件不良而产生空化和振动等，都会影响机组油温升高。

设备运行时应保持油温在规定范围内。如温度过高，应开大冷却水管的阀门加强油的冷却，同时应检查机组运转是否正常，如负荷是否过高，机组摆度和振动是否过大，机组运行环境温度是否过高等。

③空气。空气中含有的氧和水分，会引起油的氧化。空气中沙粒和尘灰状矿物质自然降落，会增加油中机械杂质。油和空气除直接接触外，还可以泡沫形式接触。泡沫使油与空气接触面积增大，氧化速度加快。

为防止空气与油接触，设备的注油和排油管口应低于油面，运行人员加油速度不能太快，避免因油的过大冲击带入空气。

④电流。当电流通过油时，会对油进行分解，使油劣化，颜色变深，并生成油泥沉淀物。如发电机运行时所产生的轴电流，通过轴颈后穿过轴承的油膜，会使油质劣化。为防止轴电流产生，应做好发电机的轴绝缘，在轴承座上加绝缘垫隔断轴电流的通道，机组运行中要加强对轴电流的监视。

（三）油系统的运行监督与维护

为保证水电厂机组设备安全经济运行，避免油类迅速劣化而发生设备事故，运行中必须对机组设备用油进行监督与维护。

1. 油质的监测

（1）接受新油

水电厂新油一般由油罐车或油桶送至安装场。视电厂油库位置，采用自流方式或用油泵将新油送至储油罐。

运到的新油，均应按绝缘油和汽轮机油的标准进行全部试验。

（2）运行中油的监督与维护

机组运行过程中，运行人员应经常对设备用油进行观察，并取油样化验分析防止水分和杂质混入油中。油中的水分和杂质过多或油温过高，应及时分析研究找到原因，从速处理。

及时掌握油质量的变化情况，定时取油样，新油及运行第一个月内，每隔 10 天取样化验一次，运行一个月后，每隔 15 天取样化验一次。

当设备事故时，应研究事故原因，并对可否继续使用做出判断。

（3）油库存油的监督与维护

为了保证运行设备的及时添油和机组事故时更换净油，油库内应有足量存油并必须经常检查。检查内容为油质是否合乎标准，污油应经过滤机过滤，保证储油罐或油槽的清洁。

2. 油温的监测

油温应该按规程控制在一定范围内。油温过高，油易劣化；油温过低，油黏度增大。一般汽轮机油小于或等于 45 ℃，绝缘油小于或等于 65 ℃。

当机组冷却水中断，轴承工作不正常，可导致油温升高；冷却水水压过高或渗入油中混水，导致油温迅速降低。

3. 油系统的检查、修理和清洗

为了掌握机组用油设备的现状是否正常，应及时对油系统进行检查。发现不正常应及时处理，如管道接头处漏油、油冷却器漏水、用油设备中油泥沉淀、金属及碎纸和棉纱等杂质混入油中等。及时掌握用油设备运行和油的变化规律，便可根据这些规律制定油的运行操作规程。机组油系统的检查、修理工作应做到经常化，以保持设备时刻处于良好状态。为保证设备的安全运行，应定期对用油设备、输出设备、净化设备和存油设备进行清洗。在输送新油与净油前，用油设备与输油管道必须经过严格清洗，以免设备与管道中残存的油泥、水分和机械杂质等污染新油和净油。

4. 油系统运行中的巡视检查

（1）检查油泵电源是否正常，各自动化测量元件信号是否正确，控制元件动作是否正常。

（2）检查油泵自动工作情况，启动是否过于频繁，异常时记录启动间隔时间是否超常。

（3）检查备用油泵是否频繁启动。如果是频繁启动，应加强检查管路及调速器管路系统是否漏油、泄油。

（4）检查压力油槽中油气比例是否合理，否则补高压气进行调整。

（5）集油槽油位、机组轴承油位是否在正常范围内。油量不足，应由专责人员按操作程序向轴承供油。

（6）检查调速器以及润滑用油管路有无漏油、渗油，各阀门位置是否正确。

（7）电动机及其电气回路检查，用鼻子闻、耳朵听、眼睛看，电动机和油泵运转声音是否正常，有无异味。

（8）定期由检修专责油务人员，对运行中的油取样化验检查，也可以同机组轴承用油取样化验同时进行。

（9）检查电动机回路有无断相运行情况发生。如有，应及时停油泵，更换供电回路熔断器等，或调整接触器触头压紧度。

5. 机组运行时油系统常见故障

（1）水轮发电机导轴承的油位在运行中升高或降低

轴承油槽油位升高的原因可能是：油冷却器破裂或渗漏水进入油槽。鉴别办法是将油槽底部的油排出，可能放出水来。若经过化验证明无水，则可能是推力轴承油槽排油阀不严，油漏入上导轴承油槽内，因推力轴承油槽内油量多，不容易发现油位降低，但上导轴承油槽油量少，油位上升较快，容易发现。

机组运行时轴承油槽排油时，应监视油位，防止油位过低导致轴瓦烧损。

轴承油槽油位降低的原因可能是：如果在 10~20 天内油位下降 2~3 m，则可能是油槽渗油造成的。如油位下降较快，表面又未发现漏油处，则可能是油槽排油系统控制阀关闭不严造成的。

（2）水轮发电机运行时轴承甩油

轴承甩油分内甩油、外甩油两种情况。

①内甩油的原因和处理方法。当油质通过旋转件内壁与挡油圈之间甩向发电机内部，称为内甩油。产生此现象的原因是：机组运行时，由于转子旋转鼓风，使推力头或导轴颈内下侧至油面之间，容易形成局部负压，把油面吸高、涌溢，甩溅到电动机内部。由于挡油筒与推力头或导轴颈内圆壁之间，常因制造或安装的原因，产生不同程度的偏心，使设备之间的油环很不均匀。当推力头或导轴颈内壁带动其间静油旋转时，起着近似于偏心油泵的作用，使油环产生较大的压力脉动，并向上串油，甩溅到电动机内部。

处理方法：在推力头内壁加装风扇，当推力头旋转时，使风扇产生风压，既防止了油面的吸高，又可阻挡油液的上串。在旋转件内壁车阻尼沟槽，沟槽是斜面式的，且斜面向下，使上涌油流在沟槽中起阻尼的作用，沿斜面下流。在挡油筒上加装梳齿迷宫挡油筒，以此来加长阻挡甩油的通道，增大甩油的阻力，部分通过第一、二梳齿的油流，也将被聚集在梳齿油筒中，从筒底连通小孔流回油槽。加大旋转件与挡油筒之间的间隙，使相对偏心率减小，由此降低油环的压力脉动值，保持油面的平稳，防止油液的飞溅上蹿。在旋转件上钻稳压孔，防止内部负压而使油面吸高甩油。

②外甩油的原因和处理方法。当油质通过旋转件与盖板缝隙甩向盖板外部，称为甩油。产生的原因是机组运行中，由于推力头和镜板外壁将带动黏滞的静油运动，使油面因离心力作用向油槽外壁涌高、飞溅或搅动，易使油珠或油雾从油槽盖板缝隙处逸出，形成外甩油。还会随着轴承温度的升高，使油槽内的油和空气体积膨胀产生内压，在它的作用下，油槽内的油雾随气体从盖板缝隙处逸出。

处理方法有：加强密封性能，在旋转件与盖板之间设迷宫槽，并装多层密封圈。在旋转部件的外侧加装挡油圈，以削弱油流离心力的能量，使油面趋于平稳。在油槽盖板上加装呼吸器，使油槽液面与大气连通，以平衡压力。合理地选择油位，不要将油面加得过高，对内循环推力轴承而言，其正常静止油面不应高于镜板上平面，导轴承正常静止油面不应高于导轴瓦的中心。若推力瓦与导轴瓦处于同一油槽时，其油位应符合两者中高油位的要求，超过上述油位时，即对降低轴瓦温度无效，而对轴承甩油却有害处。

③压力油装置常见故障及事故处理。

油压降低处理：

第一，检查自动、备用泵是否启动。若未启动，应立即手动启动油泵。如果手动启动不成功，则应检查二次回路及动力电源。

第二，若油泵在自动控制状态下运转，应检查集油箱油位是否过低，安全减载阀组是否误动，油系统有无泄漏。

第三，若油压短时不能恢复，则把调速器油泵切至手动，停止调整负荷并做好停机准备。必要时可以关闭进水闸门停机。

第四，如遇压力油罐泄漏事故或压力油罐爆破事故，将造成调速器无法关机的严重事故时，必须果断关闭主阀，将水轮机组停止下来，同时按紧急停机流程处理。

压力油罐油位异常处理：

其一，压力油罐油位过高或过低，应检查自动补气装置工作情况，必要时手动补气、排气，调整油位至正常。

其二，集油箱油面过低，应查明原因，尽快处理。

④漏油装置异常处理。漏油箱油位过高，而油泵未启动时，应手动启动油泵，查明原因并尽快处理。油泵启动频繁且油位过高时，应检查电磁配压阀是否大量排油及接力器漏油是否偏大，并联系检修人员处理。油泵故障，应联系检修人员处理。

第二节　变压器的运行与维护

一、变压器的巡回检查

（一）油浸式变压器的日常巡视检查

1. 变压器的油温和温度计应正常，储油柜的油位应与温度相对应，各部位无渗油、漏油。

2. 套管油位应正常，套管外部无破损裂纹、无严重油污、无放电痕迹及其他异常现象。

3. 变压器音响正常。

4. 各冷却器手感温度应相近，风扇、油泵、水泵运转正常，油流继电器工作正常，继电器工作正常。

5. 水冷却器的油压应大于水压（制造厂另有规定者除外）。

6. 吸湿器完好，吸附剂干燥。

7. 引线接头、电缆、母线应无发热迹象。

8. 压力释放器、安全气道及防爆膜应完好无损。

9. 有载分接开关的分接位置及电源指示应正常。

10. 气体继电器内应无气体。

11. 各控制箱和二次端子箱应关严，无受潮现象。

当变压器在巡视检查发现有下列情况之一者应立即停运，若有运用中的备用变压器，应尽可能先将其投入运行：

（1）变压器声响明显增大，内部有爆裂声。

（2）严重漏油或喷油，使油面下降到低于油位计的指示限度。

（3）套管有严重的破损和放电现象。

（4）变压器冒烟着火。

（5）当发生危及变压器安全的故障，而变压器的有关保护装置拒动时，值班人员应立即将变压器停运。

（6）当变压器附近的设备着火、爆炸或发生其他情况，对变压器构成严重威胁时，值班人员应立即将变压器停运。

（二）干式变压器的运行与维护

1. 运行状况的检查。检查变压器的电压、电流、负荷、频率、功率因数、环境温度有无异常；及时记录各种上限值，发现问题及时处理。

2. 变压器温度检查。检查干式电力变压器温度是否正常，因为不仅影响到变压器的寿命，而且会中止运行。在温度异常时，确保测温仪正常。温度计失灵，应及时修理更换。

3. 异常响声、异常振动的检查。检查外壳、铁板有无振音，有无接地不良引起的放电声，附件有无常音及异常振动，从外部能直接检测共振或异常噪声时，应立即处理。

4. 风冷装置的检查。检查声音是否正常，确认有无振动和异常温度。风机应定期手动试验。

5. 嗅味。温度异常高时，附着的脏物或绝缘件是否烧焦，发生臭味，有异常应尽早清扫、处理。

6. 绝缘件线圈外观检查。绝缘件和绕柱线圈表面有无碳化和放电痕迹，是否有龟裂。

7. 外壳及变压器室的检查。检查是否有异物进入、雨水滴入和污染，门窗照明是否完好、温度是否正常。

8. 干式电力变压器有下列情况之一时应立即停运：变压器响声明显异常增大，或存在局部放电响声；发生异常过热现象；冒烟或着火；当发生危及安全的故障而有关保护装置拒动；当附近的设备着火、爆炸或发生其他情况，对干式电力变压器具构成严重威胁。

9. 干式电力变压器跳闸和着火时，应按下列要求处理：干式电力变压器跳闸后，经判断确认跳闸不是由内部故障所引起，可重新投入运行，否则做进一步检查；干式电力变压器跳闸后，停用风机；干式电力变压器着火时，立即断开电源，停止风冷装置，并迅速采取灭火措施。

10. 干式变压器的温控装置。630 kVA 及以上的干式变压器应设温控或温显装置。温控、温显装置应满足抗震、电磁干扰不敏感、显示数字和动作正确，以及使用寿命的要求。

当采用膨胀式温控器时，膨胀式温控器还应满足干式变压器风机启停、超温报警和超温跳闸和触发信号要求，其接点应能在测量范围内根据使用要求设定。膨胀式温控器的质量保证期不应低于 10 年。

当采用电子式温控温显器时，其输入输出端子应采用接插件结构。电子式温控温显器的质量保证期不应低于 5 年。干式电力变压器额定使用寿命不应少于 20 年。

（三）变压器投入运行前的检查项目

1. 拆除检修安全措施，恢复常设遮栏，变压器各侧断路器、隔离开关均应在拉开位置。

2. 变压器本体及室内清洁，变压器上无杂物或遗留工具，各部无渗漏油等现象，干式变压器的外罩完好牢固。

3. 套管清洁完整，无裂纹或渗漏油现象，无放电痕迹，套管螺栓及引线紧固完好，主变油气套管压力正常。

4. 变压器分接头位置应在规定的运行位置上，且三相一致。

5. 外壳接地线紧固完好，各种标示信号和相色漆应明显清楚。

6. 安全气道的阀门应开启，各连接法兰无渗漏油现象。

7. 测温表的整定值位置正确，接线完好，指示正确。

8. 保护装置和测量表计完好可用。

9. 试验冷却风扇装置运行正常。

（四）变压器并联运行的基本条件

变压器并联运行的理想情况是空载时各台变压器仅有一次侧的空载电流，各台变压器一、二次侧绕组回路中没有环流；负载时，各变压器的负载分配应与各自的额定容量成正比，使变压器的容量能充分利用；负载时，各台变压器的负载电流相位相同，这样在总的负载电流一定时，共同承担的负载电流最大。

要达到上述理想情况，并联运行的变压器必须具备以下三个条件：

1. 联结组标号相同（接线组别相同）。接线组别不同将会在绕组中产生几倍于额定电流的环流，会使变压器损伤，甚至烧坏，因此不同接线组别的变压器绝对不允许并联运行。

2. 电压比相等（变比相等）。各变压器的高低压绕组额定电压应分别相同，否则将会出现环流。

3. 阻抗电压和短路阻抗角相等。并联运行的每台变压器所承担的负载电流与其短路阻抗成反比，多台变压器并联运行时合理分担负载电流的条件是：各台变压器的短路阻抗相对值彼此相等，且同时两台并联运行的变压器的容量比相差不能超过 3∶1。

二、变压器故障分析与处理

（一）电力变压器故障类型及检测

油浸变压器的故障常被分为内部故障和外部故障两种。内部故障为变压器油箱内发生的各种故障，其主要类型有：各相绕组之间发生的相间短路、绕组的线匝之间发生的匝间短路、绕组或引出线通过外壳发生的接地故障等。变压器的内部故障从性质上一般又分为热故障和电故障两大类。

外部故障为变压器油箱外部绝缘套管及其引出线上发生的各种故障，其主要类型有：绝缘套管闪络或破碎而发生的接地（通过外壳）短路，引出线之间发生相间短路故障等而引起变压器内部故障或绕组变形等。

短路故障：变压器短路故障主要指变压器出口短路，以及内部引线或绕组间对地短路，及相与相之间发生的短路而导致的故障。

放电故障：根据放电的能量密度的大小，变压器的放电故障常分为局部放电、火花放电和高能量放电三种类型。

绝缘故障：目前应用最广泛的电力变压器是油浸变压器和干式树脂变压器两种，电力变压器的绝缘即是变压器绝缘材料组成的绝缘系统，它是变压器正常工作和运行的基本条件。变压的使用寿命是由绝缘材料（即油纸或树脂等）的寿命所决定的。实践证明，大多变压器的损坏和故障都是因绝缘系统的损坏而造成的。

中小型变压器检测判断常采用的方法如下：

1. 检测直流电阻。用电桥测量每相高、低压绕组的直流电阻，观察其相间阻值是否平衡，是否与制造厂出厂数据相符；若不能测相电阻，可测线电阻，从绕组的直流电阻值即可判断绕组是否完整，有无短路和断路情况，以及分接开关的接触电阻是否正常。若切换分接开关后直流电阻变化较大，说明问题出在分接开关触点上，而不在绕组本身。上述测试还能检查套管导杆与引线、引线与绕组之间连接是否良好。它是变压器大修时、无载开关调级后，变压器出口短路后和 1~3 年 1 次等必试项目。

2. 用绝缘电阻表测量各绕组间、绕组对地之间的绝缘电阻值和吸收比，根据测得的数值，可以判断各侧绕组的绝缘有无受潮，彼此之间以及对地有无击穿与闪络的可能。

3. 检测介质损耗。测量绕组间和绕组对地的介质损耗，根据测试结果，判断各侧绕组绝缘是否受潮、是否有整体劣化等。

4. 取绝缘油样做简化试验。用闪点仪测量绝缘油的闪点是否降低，绝缘油有无炭粒、纸屑，并注意油样有无焦臭味，同时可测油中的气体含量，用上述方法判断故障的种类、性质。

5. 空载试验。对变压器进行空载试验，测量三相空载电流和空载损耗值，以此判断变压器的铁芯硅钢片间有无故障，磁路有无短路，以及绕组短路故障等现象。

（二）变压器的异常运行及处理

变压器异常运行主要表现为声音不正常，温度显著升高，油色变黑，油位升高或降低，变压器过负荷，冷却系统故障，以及三相负荷不对称等。当出现以上异常现象时，应按运行规程规定，采取措施将其消除，并将处理经过记录在异常记录簿上。

1. 变压器声音不正常

变压器运行时，应为均匀的嗡嗡声。这是因为交流电流通过变压器绕组时，在铁芯中产生周期性变化的交变磁通，随着磁通的变化，引起铁芯的振动而发出均匀的嗡嗡声。如果变压器产生不均匀声音或其他异声，都属于变压器声音不正常。

引起变压器不正常声音的原因有以下几点：

（1）变压器过负荷。过负荷使变压器发出沉重的嗡嗡声。

（2）变压器负荷急剧变化。如系统中的大动力设备（如电弧炉、汞弧整流器等）启动，使变压器的负荷急剧变化，变压器发出较重的哇哇声，或随着负荷的急剧变化，变压器发出"咯咯咯、咯咯咯"的突发间歇声。

（3）系统短路。系统发生短路时，变压器流过短路电流使变压器发出很大的噪声。出现上述情况，运行值班人员应对变压器加强监视。

（4）电网发生过电压。如中性点不接地系统发生单相接地或系统产生铁磁谐振，致使电网发生过电压，使变压器发出时粗时细的噪声。这时可结合电压表的指示做综合判断。

（5）变压器铁芯夹紧件松动。铁芯夹紧件松动使螺栓、螺钉、夹件、铁芯松动，使变压器发出"叮叮当当"和"呼……呼……"等锤击和类似刮大风的声音。此时，变压器油位、油色、油温均正常，运行值班人员应加强监视，待大修时处理。

（6）内部故障放电打火。内部接头焊接或接触不良，分接开关接触不良，铁芯接地线断开故障，使变压器发出"咴咴"或噼啪的放电声。此时，变压器应停电处理。

（7）绕组绝缘击穿或匝间短路。如绕组绝缘击穿，变压器声音中夹杂不均匀的爆裂声；绕组匝间短路，短路处严重局部过热，变压器油局部沸腾，使变压器声音中夹杂有咕噜咕噜的沸腾声。此时，应将变压器停电处理。

（8）外界气候引起的放电。如大雾、阴雨天气或夜间，变压器套管处有蓝色的电晕或火花，发出咝咝或咴咴的声音，这说明瓷件污秽严重或设备线卡接触不良，此情况应加强监视，待停电时处理。

2. 变压器油温异常

在正常负荷和正常冷却条件下，变压器上层油温较平时高出 10 ℃以上，或变压器负荷不变而油温不断上升，则应认为变压器温度异常。变压器温度异常可能是由下列原因造成的：

（1）变压器内部故障。如绕组匝间短路或层间短路，绕组对其他部位放电，内部引线接头发热，铁芯多点接地使涡流增大而过热等。这时变压器应停电检修。

（2）冷却装置运行不正常。如潜油泵停运，风扇损坏停转，散热器阀门未打开。此时，在变压器不停电状态下，可对冷却装置的部分缺陷进行处理，或按规程规定调整变压器负荷至相应值。

3. 变压器油色不正常

变压器油有新油和运行油两种。新油呈亮黄色，运行油呈透明微黄色。运行值班人员巡视时，发现变压器油位计中油的颜色发生变化，应取样分析化验。当化验发现油内含有碳粒和水分、酸钾增高、闪光点降低、绝缘强度降低时，说明油质已急剧下降，容易发生内部绕组对变压器外壳的击穿事故。此时，变压器应停止运行。若运行中变压器油色骤然变化，油内出现碳质并有其他不正常现象时，应立即停用该变压器。

4. 变压器油位不正常

为了监视变压器的油位，变压器的储油柜上装有玻璃管油位计或磁针式油位计。储油柜采用玻璃管油位计时，储油柜上标有油位监视线，分别表示环境温度为-20℃、+20℃、+40 ℃时变压器正常的油位。如果采用磁针式油位计，在不同环境温度下，指针应停留的温度由制造厂提供的油位-温度曲线确定。

变压器运行时，正常情况下，变压器的油位随变压器油温的变化而变化，而油温取决于变压器所带负荷的多少、周围环境稳定和冷却系统运行情况。变压器油位异常有如下三种表现形式：

（1）油位过高。油位因油温升高而高出最高油位线，有时油位到顶看不到油位。油位过高的原因是：变压器冷却器运行不正常，使变压器油温升高，油受热膨胀，造成油位上升；变压器加油时，油位偏高较多，一旦环境温度明显上升，则引起油位过高。如果油位过高是因冷却器运行不正常引起，则应检查冷却器表面有无积灰堵塞，油管道上、下阀门是否打开，管道有否堵塞，风扇、潜油泵运转是否正常合理，冷却介质温度是否合适，流量是否足够。如果油位过高是因加油过多引起，应放油至适当高度；若油位看不到，应判断为油位确实高出最高油位线，再放油至适当高度。

（2）油位过低。当变压器油位较当时油温对应的油位显著下降，油位在最低油位线以下或看不见时，应判断为油位过低。造成油位过低的原因是：变压器漏油；变压器原来油位不高，遇有变压器负荷突然下降或外界环境温度明显降低时，使油位过低；强迫油循环水冷变压器油漏入冷油器时间较长，也会使油位过低。油位过低，会造成轻瓦斯保护动作，若为浮子式继电器，还会造成重瓦斯保护跳闸。严重缺油时，变压器铁芯和绕组会暴露在空气中，这不但容易受潮降低绝缘能力，而且可能造成绝缘击穿。因此，变压器油位过低或油位明显降低，应尽快补油至正常油位。如因漏油严重使油位明显降低，应禁止将瓦斯保护由跳闸改为信号，消除漏油，并使油位恢复正常。若大量漏油，油位低至气体继电器以下或继续下降，应立即停用该变压器。

运行中的变压器补油时，应注意下列事项：补入的新油应与变压器原有的油型号相同，防止混油，且新补入的油应经试验合格。补油前，应将重瓦斯保护改接信号位置，防止误跳闸。补油后要注意检查气体继电器，及时放出气体，24 h 后无问题再将重瓦斯投入跳闸位置。补油量要适量，油位与变压器当时的油温相适应。禁止从变压器下部阀门补油，以防止将变压器底部沉淀物冲起进入绕组内，影响变压器绝缘的散热。

（3）假油位。如果变压器油温的变化是正常的，而油标管内油位不变化或变化异常，则该油位是假油位。造成假油位的原因可能有：当非胶囊（胶囊也称胶袋）密封式储油柜油枕管堵塞、呼吸器堵塞或防爆管气孔堵塞时，均会出现假油位。当胶囊密封式储油柜内存有一定数量的空气、胶囊呼吸不畅、胶囊装设位置不合理及胶囊袋破裂等也会造成假油位。处理时，应先将重瓦斯保护解除。

变压器运行时，一定要保持正常油位。运行值班人员应按时检查油位计的指示。油位过高时（如夏季），应及时放油；在油位过低时（如冬季），应及时补油，以维持正常油位，确保变压器安全运行。

5. 变压器过负荷

运行中的变压器过负荷时，警铃响，出现"过负荷"和"温度高"光字牌信号，可能出现电流表指示超过额定值，有功功率、无功功率指示增大。运行值班人员发现上述现象后时，按下述原则处理：

（1）停止音响报警，汇报班长、值长，并做好记录。

（2）及时调整运行方式，调整负荷的分配，如有备用变压器，应立即投入。

（3）属正常过负荷或事故过负荷时，按过负荷倍数确定允许运行时间。若超过允许运行时间，应立即减负荷，并加强对变压器温度的监视。

（4）过负荷运行时间内，应对变压器及其相关系统进行全面检查，发现异常应立即处理。

6. 变压器不对称运行

运行中的变压器，造成不对称运行的原因有：

（1）三相负荷不对称，造成变压器不对称运行。如变压器带有大功率的单相电炉、电力机车、电焊变压器等。

（2）由三台单相变压器组成三相变压器。当其中一台损坏而用不同参数的变压器来代替时，造成电流和电压不对称。

（3）变压器两相运行。如三相变压器一相绕组故障；三相变压器某侧断路器一相断开；三相变压器的分接头接触不良；三台单相的变压器组成三相变压器，其中一台故障，两台单相变压器运行等。

变压器不对称运行，会造成变压器容量降低；同时，对变压器本身有一定危害，且电压、电流不对称，对用户也会造成影响。因此，变压器出现不对称运行，应分析引起的原因，并针对引起的原因，尽快消除。

7. 变压器冷却装置故障

变压器冷却装置的常见故障有：冷却装置工作电源全部中断、部分冷却装置电源中断、潜油泵故障或风扇故障使部分冷却装置停运、变压器冷却水中断。当冷却装置故障时，变压器发出"备用冷却器投入"和"冷却器全停"信号。冷却装置故障的原因一般为：

（1）供电电源熔断器熔断或供电电源母线故障。

（2）冷却装置工作电源开关跳闸。

（3）单台冷却器的电源自动开关故障跳闸或潜油泵和风扇电机的熔断器熔断。

（4）潜油泵、风扇损坏及连接管道漏油。

当冷却系统发生故障时，可能迫使变压器降低容量运行，严重者可能迫使变压器停运，甚至损坏变压器。因此，当冷却系统发生故障时，应分析故障原因，迅速处理。对于油浸风冷变压器，当发生风扇电源故障时，应立即调整变压器所带的负荷，使之不超过70%的额定容量。单台风扇发生故障，可不降低变压器的负荷。

对于强迫油循环风冷变压器，若冷却装置电源全部中断，应设法于 10min 内恢复 1 路或 2 路电源。在进行处理期间，可适当降低负荷，并对变压器上层油温及储油柜、油位严密监视。因冷却装置电源全停时，变压器油温和油位会急剧上升，有可能出现油从储油柜中溢出或从防爆管跑油现象。如果 10 min 内，冷却装置电源能恢复，当冷却装置恢复正常运行后，储油柜油位又会急剧下降。此时，若油位下降到油标−20 ℃ 以下并继续下降时，应立即停用重瓦斯保护。如果 10 min 内冷却装置电源不能恢复，则应立即停用变压器。如果冷却器部分损坏或 1/2 电源失去，应根据冷却器台数与相应容量的关系，立即调整变压器负荷至相应允许值，直至冷却器修复或电源恢复。由于大型变压器一般设有辅助和备用冷却器，在变压器上层油温升至规定值时，辅助冷却器会自动投入，在个别冷却器故障时，备用冷却器会自动投入，故无须调整变压器的负荷。但有"备用冷却器投入"信号后，运行值班人员应检查备用冷却器投入运行是否正常。

8. 轻瓦斯保护动作报警

变压器装有气体继电器，重瓦斯保护反映变压器内部的短路故障，动作于跳闸；轻瓦斯保护反映变压器内部的轻微故障，动作于信号。由于种种原因，变压器内部产生少量气体，这些气体积聚在气体继电器内，聚积的气体达一定数量后，轻瓦斯保护动作报警（电铃响，"轻瓦斯动作"光字牌亮），提醒运行值班人员分析处理。

轻瓦斯保护动作的可能原因是：变压器内部轻微故障，如局部绝缘水平降低而出现间隙放电及漏电，产生少量气体；也可能是空气浸入变压器内，如滤油、加油或冷却系统不严密，导致空气进入变压器而积聚在气体继电器内；变压器油位降低，并低于气体继电器，使空气进入气体继电器内；二次回路故障，如直流系统发生两点接地，或气体继电器引线绝缘不良，引起误发信号。运行中的变压器发生轻瓦斯保护报警时，运行值班人员应立即报告当值调度，复归信号，并进行分析和现场检查，根据变压器现场外部检查结果和气体继电器内气体取样分析结果做相应的处理：

（1）检查变压器油位。如果是变压器油位过低引起，则设法消除油位过低，并恢复正常油位。

（2）检查变压器本体及强迫油循环冷却系统是否漏油。如有漏油，可能有空气浸入，应消除漏油。

（3）检查变压器的负荷、温度和声音等的变化，判断内部是否有轻微故障。

（4）如果气体继电器内无气体，则考虑二次回路故障造成误报警。此时，应将重瓦斯保护由跳闸改投信号，并由继电保护人员检查处理，正常后再将重瓦斯保护投跳闸位置。

（5）变压器外观检查正常，轻瓦斯保护报警系由继电器内气体聚积引起时，应记录气体数量和报警时间，并收集气体进行化验鉴定，根据气体鉴定的结果再做出如下相应处理：应放出空气，并注意下次发出信号的时间间隔；若间隔逐渐缩短，应切换至备用变压器供电；短期内查不出原因，应停用该变压器；气体为可燃且色谱分析不正常时，说明变压器内部有故障，应停用该变压器；气体为淡灰色，有强烈臭味且可燃，说明为变压器内部绝缘材料故障，即纸或纸板有烧损，应停用该变压器。气体为黑色、易燃烧，为油故障（可能是铁芯烧坏或内部发生闪络引起油分解），应停用该变压器；气体为微黄色，且燃烧困难，可能为变压器内木质材料故障，应停用该变压器。

9. 变压器重瓦斯保护动作处理

变压器重瓦斯动作一般是因为变压器内部发生了较为严重的故障所导致，如绕组匝间短路、相间短路、铁芯故障和严重漏油等。

若变压器发生重瓦斯动作首先应对变压器外部进行全面检查：

（1）储油柜的油位应与温度相对应，各部位无渗油、漏油。

（2）套管油位应正常，套管外部无破损裂纹、无严重油污、无放电痕迹及其他异常现象。

（3）吸湿器完好，吸附剂干燥。

（4）引线接头、电缆、母线应无发热迹象。

（5）压力释放器、安全气道及防爆膜应完好无损。

（6）对变压器分接开关进行检查，检查动静触头间接触是否良好，检查触头分接线是否紧固，检查分接开关绝缘件有无受潮、剥裂或变形。

若发现以上检查项目有明显问题后，针对发生的问题进行如下处理：

（1）取瓦斯，判断瓦斯性质。故障变压器内产生的气体是由于变压器内部不同部位所产生的，不同的过热形式造成的。而判明瓦斯继电器内气体的性质、气体聚积的数量及速度程度是至关重要的。当聚积的气体是无色无臭且不可燃的，则瓦斯动作的原因是因油中分离出来的空气引起的，则属于非变压器故障原因；当气体是可燃的，则有极大可能是变压器内部故障所致。

（2）取油样，送检。做油中溶解气体色谱分析试验。

（3）按照电力设备预防性试验规程的要求，对变压器进行测试（进行绝缘电阻、直流电阻等试验）。

如果瓦斯继电器内无气体，变压器外部也无异常现象，则可能是瓦斯继电器二次回路有故障，应对二次回路进行检查，是否瓦斯保护误动。

经检查引起变压器重瓦斯保护动作的原因为变压器内部故障时，例如引起的原因为变压器内部发生多相短路、匝间短路、匝间与铁芯或外部短路或铁芯等故障，则变压器不得投入运行，需要对变压器吊罩进行内部检查。若经以上检查，未发现问题，可对变压器进行零起升压试验，若良好可投入运行。

第三节　配电设备的运行与维护

一、高压断路器概述

高压断路器一般由导电回路、可分触头、灭弧装置、绝缘部件、底座、传动机构、操动机构等组成。导电回路用来承载电流；可分触头是使电路接通或分断的执行组件；灭弧装置则是用来迅速、可靠地熄灭电弧，使电路最终断开。与其他开关相比，断路器灭弧装置的熄弧能力最强，结构也比较复杂。触头的分合运动是靠操动机构做功并经传动机构传递力来带动的。其操作方式可分为手动、电动、气动和液压等。有些断路器（如油断路器、六氟化硫断路器等）的操动机构并不包括在断路器的本体内，而是作为一种独立的产品提供断路器选配使用。

（一）断路器的主要性能参数

1. 额定电压：是指断路器长期运行时能承受的正常工作电压。它不仅决定了断路器的绝缘水平，而且在相当程度上决定了断路器的总体尺寸。

2. 最高工作电压：由于电网不同地点的电压可能高出额定电压的 10% 左右，故规定了最高工作电压。对于 220 kV 及以下设备，其最高工作电压为额定电压的 1.15 倍；对于 330 kV 设备，规定为 1.1 倍。

3. 额定电流：指断路器在额定电压下，长期通过此电流时无损伤，且各部分发热不导致超过长期工作时最大允许温升。

4. 额定开断电流：在额定电压下，断路器能保证正常分断的最大短路电流的有效值，它表征断路器的开断能力。

5. 额定短路接通电流：在额定电压、规定使用条件和性能条件下，断路器能保证正常接通的最大短路接通电流（峰值）。

6. 额定短时耐受电流：在规定的使用和性能条件下以及确定的短时间内，断路器在闭合位置所能承载的电流有效值，此值通常与额定短路分断电流相同。

7. 额定峰值耐受电流：在规定的使用和性能条件下，断路器在闭合位置所能承受额定短时耐受电流第一个大半波的峰值电流。

8. 分断时间：从断路器接到断开指令瞬间起至燃弧时间结束时止的时间间隔。

（二）断路器的分类

断路器品种繁多，其适用条件和场所、灭弧原理各不相同，结构上也有较大差异。因此，断路器分类有多种方式。主要分类方式有：

1. 按适用电器分为交流断路器和直流断路器。

2. 按使用电压分为低压断路器和高压断路器。前者的交流额定电压不大于 1 200 V 或直流额定电压不大于 1 500 V，后者的额定电压在 3 000 V 及以上。

3. 按断路器灭弧介质分为油断路器、压缩空气断路器、六氟化硫（SF_6）断路器、真空断路器、磁吹断路器、空气断路器和固体产气断路器（指利用固体产气物质在电弧高温作用下分解出的气体来熄灭电弧的断路器）。

目前，在发电厂和变电站中，最常用的断路器是六氟化硫断路器和真空断路器，其他断路器用得相对较少。

选择断路器必须按正常的工作条件进行，并且按断路情况校验其热稳定和动稳定。此外，还应考虑电器安装地点的环境条件，当气温、风速、温度、污秽等级、海拔、地震烈度和覆冰厚度等环境条件超过一般电器使用条件时，应采取有效措施。

对高压断路器有以下几个方面的要求，这些要求在断路器的基本技术参数上得到体现。

（1）断路器在额定条件下（额定电压、额定电流）可以长期工作。

（2）应有足够的开断能力，并保证有足够的热稳定和动稳定（开断电流、额定关合电流、极限通过电流、热稳定电流）。

（3）具有尽可能短的开断时间，这对减少电网的故障时间，减轻故障设备的损害，提高系统稳定性都是有利的。

（4）结构简单，价格低廉，体积小，质量轻，便于安装。

二、高压断路器的灭弧和操动机构

灭弧是断路器的一个重要应用之一，由于电弧不仅会对设备线路造成破坏，甚至还会影响人身安全。

（一）高压断路器的灭弧方法

灭弧的基本方法就是加强去游离、提高弧隙介质强度的恢复过程，或改变电路参数降低弧隙电压的恢复过程。目前开关电器的主要灭弧方法有：

1. 利用介质灭弧。弧隙的去游离在很大程度上取决于电弧周围灭弧介质的特性。六氟化硫气体是很好的灭弧介质，其电负性很强，能迅速吸附电子而形成稳定的负离子，有利于复合去游离，其灭弧能力比空气约强 100 倍；真空（压强在 0.013 Pa 以下）也是很好的灭弧介质，因真空中的中性质点很少，不易于发生碰撞游离，且真空有利于扩散去游离，其灭弧能力比空气约强 15 倍。采用不同介质可以制成不同的断路器，如油断路器、六氟化硫断路器和真空断路器。

2. 利用气体或油吹动电弧。吹弧使弧隙带电质点扩散和冷却复合。在高压断路器中利用各种灭弧室结构形式，使气体或油产生巨大的压力并有力地吹向弧隙。吹弧方式主要有纵吹与横吹两种。纵吹是吹动方向与电弧平行，它促使电弧变细；横吹是吹动方向与电弧垂直，它把电弧拉长并切断。

3. 采用特殊的金属材料做灭弧触头。采用熔点高、导热系数和热容量大的耐高温金属做触头材料，可减少热电子发射和电弧中的金属蒸气，得到抑制游离的作用；同时，采用的触头材料还要求有较高的抗电弧、抗熔焊能力。常用触头材料有铜钨合金、银钨合金等。

4. 电磁吹弧。电弧在电磁力作用下产生运动的现象，叫电磁吹弧。由于电弧在周围介质中运动，它起着与气吹的同样效果，从而达到熄弧的目的。这种灭弧的方法在低压开关电器中应用得更为广泛。

5. 使电弧在固体介质的狭缝中运动的灭弧方式又叫狭缝灭弧。由于电弧在介质的狭缝中运动，一方面受到冷却，加强了去游离作用；另一方面电弧被拉长，弧径被压小，弧电阻增大，促使电弧熄灭。

6. 将长弧分隔成短弧。当电弧经过与其垂直的一排金属栅片时，长电弧被分割成若干段短弧；而短电弧的电压降主要降落在阴、阳极区内，如果栅片的数目足够多，使各段维持电弧燃烧所需的最低电压降的总和大于外加电压时，电弧就自行熄灭。另外，在交流电流过零后，由于近阴极效应，每段弧隙介质强度骤增到 150~250V，采用多段弧隙串联，可获得较高的介质强度，使电弧在过零熄灭后不再重燃。

7. 采用多断口灭弧。高压断路器每相由两个或多个断口串联，使得每一断口承受的电压降低，相当于触头分断速度成倍地提高，使电弧迅速拉长，对灭弧有利。

8. 提高断路器触头的分离速度。提高了拉长电弧的速度，有利于电弧冷却复合和扩散。

（二）SF₆ 断路器灭弧特点

SF_6 断路器是用 SF_6 气体作为灭弧和绝缘介质的断路器。它与空气断路器同属于气吹断路器，不同之处在于工作气压较低；在吹弧过程中，气体不排向大气，而在封闭系统中循环使用。

SF_6 的优点是其分子和自由电子有非常好的混合性。当电子和 SF_6 分子接触时几乎 100% 混合而组成重的负离子，这种性能对剩余弧柱的消电离及灭弧有极大的使用价值。即 SF_6 具有很好的负电性，它的分子能迅速捕捉自由电子而形成负离子。这些负离子的导电作用十分迟缓，从而加速了电弧间隙介质强度的恢复率，因此有很好的灭弧性能。在一个大气压下，SF_6 的灭弧性能是空气的 100 倍，并且灭弧后不变质，可重复使用。SF_6 气体优良的绝缘和灭弧性能，使 SF_6 断路器具有如下优点：开断能力强，断口电压适于做得较高，允许连续开断次数较多，适用于频繁操作、噪声小、无火灾危险、机电磨损小等，是一种性能优异的"无维修"断路器，在高压电路中应用得越来越多。

纯净的 SF_6 气体是良好的灭弧介质，但若用于频繁操作的低压电器中，由于频繁操作的电弧作用，金属蒸气与 SF_6 气体分解物起反应，结合而生成绝缘性很好的细粉末（氢氟酸盐、硫基酸盐等），沉积在触头表面，并严重腐蚀触头材料，从而接触电阻急剧增加，使充有 SF_6 气体的密封触头不能可靠地工作。因此，对于频繁操作的低压电器不适宜用 SF_6 做灭弧介质。

SF_6 气体在放电时的高温下会分解出有腐蚀性的气体，对铝合金有严重的腐蚀作用，对酚醛树脂层压材料、瓷绝缘也有损害。若把 SF_6 和氮气混合使用，当 SF_6 含量超过 20%~30% 时，其绝缘强度已和全充 SF_6 时绝缘强度相同，而腐蚀性又大大减少，因此，SF_6 常混合氮气使用。在 SF_6 断路器中，SF_6 气体的含水量必须严格规定不能超过标准。水会与电弧分解物中的 SF_4 产生氢氟酸而腐蚀材料。当水分含量达到饱和时，还会在绝缘件表面凝露，使绝缘强度显著降低，甚至引起沿面放电。运行经验及上述论析都表明：SF_6 断路器由于绝缘结构体积较小，若 SF_6 气体的含水量较高，则将使绝缘水平大大下降，接触电阻急剧增加，在运行中易发生损坏或爆炸事故。因此，各制造厂及运行部门都要求有严格的密封工艺，同时规定 SF_6 气体的含水量不得超过标准。中国的标准是 SF_6 气体的含水量应小于 300 $\mu L/L$（容积比）。

SF_6 断路器以 SF_6 气体为灭弧介质。在正常情况下，SF_6 是一种不燃、无臭、无毒的惰性气体，密度约为空气的 5 倍。但 SF_6 气体在电弧作用下，小部分会被分解，生成一些有毒的低氟化物，对身体健康有影响，对金属部件也有腐蚀和劣化作用。因此，在 SF_6 断路器中，一般均装有吸附装置，吸附剂为活性氧化铝、活性炭和分子筛等。吸附装置可完全吸附 SF_6 气体在电弧的高温下分解生成的毒质。

（三）真空断路器灭弧特点

真空断路器是利用真空（真空度为 10^{-4} mmHg 以下）具有良好的绝缘性能和耐弧性能

等特点，将断路器触头部分安装在真空的外壳内而制成的断路器。真空断路器具有体积小、质量轻、噪声小、易安装、维护方便等优点，尤其适用于频繁操作的电路。

真空灭弧室中电弧的点燃是由于真空断路器动静触头分开的瞬间，触头表面蒸发金属蒸气，并被游离而形成电弧造成的。真空灭弧室中电弧弧柱压差很大，质量密度差也很大，因而弧柱的金属蒸气（带电质点）将迅速向触头外扩散，加剧了去游离作用，加上电弧弧柱被拉长、拉细，从而得到更好的冷却，电弧迅速熄灭，介质绝缘强度很快得到恢复，从而阻止电弧在交流电流自然过零后重燃。

（四）高压断路器的操动机构

操动机构是高压断路器的重要组成部分，它由储能单元、控制单元和力传递单元组成。目前，发电厂断路器最常用的是弹簧操动机构。

弹簧操动机构是一种以弹簧作为储能组件的机械式操动机构。弹簧的储能借助电动机通过减速装置来完成，并经过锁扣系统保持在储能状态。开断时，锁扣借助磁力脱扣，弹簧释放能量，经过机械传递单元使触头运动。弹簧操动机构结构简单，可靠性高，分合闸操作采用两个螺旋压缩弹簧实现。储能电动机给合闸弹簧储能，合闸时合闸弹簧的能量一部分用来合闸，另一部分用来给分闸弹簧储能。合闸弹簧一释放，储能电动机立刻给其储能，储能时间不超过 15 s（储能电动机采用交直流两用电动机）。运行时分合闸弹簧均处于压缩状态，而分闸弹簧的释放有一独立的系统，与合闸弹簧没有关系。这样设计的弹簧操动机构具有高度的可靠性和稳定性。近年来弹簧操动机构由于其本身众多的优点而在 SF_6 断路器中得到了广泛的应用，尤其在用于操作功较小的自能式和半自能式灭弧室中，由于其体积小、操作噪声小、对环境无污染、耐气候条件好、免运行维护、可靠性高等一系列优点受到电力系统广大用户的推崇，是当前发展势头迅猛的一种断路器操作机构。

三、高压断路器的运行和维护

（一）高压断路器的巡回检查

1. 正常巡视检查项目及要求

（1）套管引线接头有无发热变色现象，引线有无断股、散股、扭伤痕迹。

（2）瓷套、支柱绝缘子是否清洁，有无裂纹、破损、电晕和不正常的放电现象。

（3）断路器内有无放电及不正常声音。

（4）断路器的实际位置与机械及电气指示位置是否一致。

（5）液压机构的工作压力是否在规定范围内，箱内有无渗油、漏油情况。

（6）机械闭锁是否与断路器实际位置相符。

（7）SF$_6$断路器压力正常，各部分及管路有无异常声音（漏气声、振动声）。

（8）SF$_6$断路器巡视检查时，记录SF$_6$气体压力。

（9）断路器及操作机构接地是否牢固可靠。

（10）防雨罩、机构箱内有无小动物及杂物造成安全威胁。

2. 在断路器大负荷运行/异常天气等特殊情况下的巡视项目

（1）套管及引线接头有无过热、发红，有无不正常放电的声音及电晕。

（2）大风时引线有无剧烈摆动，上部有无挂落物，周围有无可能被卷到设备上的杂物。

（3）雷雨后套管有无闪络、放电痕迹，有无破损。

（4）雨天、雾天有无不正常放电、冒气现象。

（5）下雪天，套管接头处的积雪有无明显减少或冒热气，是否有放电、发热现象。

（6）大电流短路故障后检查设备、接头有无异状，引下线有无断股、散股、喷油、冒烟等现象。

3. 断路器合闸、分闸后应检查的项目

断路器合闸后应检查：

（1）电流、无功功率和有功功率的指示是否正常。

（2）机械指示及信号指示与实际相符，有无非全相供电的现象。

（3）有无内外部异响放电现象。

（4）瓷套管支柱和操作连杆、拐臂有无损坏。

（5）液压机构打压、储能是否正常，弹簧储能是否正常。

（6）送电后，如发现相应系统三相电压不平衡，出现接地或间接接地现象时，应立即检查断路器的三相合闸状态。

断路器分闸后的检查：合闸指示灯灭，分闸指示灯亮，机械位置指示在分闸位置，相关电流表计指示为零。

（二）高压断路器的异常处理

1. "拒合"故障的判断和处理

发生"拒合"情况，基本上是在合闸操作或重合闸过程中。此种故障危害性较大，例如在事故情况下要求紧急投入备用电源时，如果备用电源断路器拒绝合闸，则会扩大事故。判断断路器"拒合"的原因及处理方法一般可以分三步。

（1）检查前一次拒绝合闸是否因操作不当引起（如控制开关放手太快等），用控制开关再重新合一次。

（2）若合闸仍不成功，检查电气回路各部位情况，以确定电气回路是否有故障。检查项目有：合闸控制电源是否正常；合闸控制回路熔断器和合闸回路熔断器是否良好；合闸接触器的触点是否正常；将控制开关扳至"合闸"时位置，看合闸铁芯动作是否正常。

（3）如果电气回路正常，断路器仍不能合闸，则说明为机械方面故障，应停用断路器，报告调度安排检修处理。

经过以上初步检查，可判定为电气方面或机械方面的故障。常见的电气回路故障和机械方面的故障如下：

①若合闸操作前红、绿灯均不亮，说明无控制电源或控制回路有断线现象。可检查控制电源和整个控制回路上的组件是否正常，如操作电压是否正常，熔断器是否熔断，防跳继电器是否正常，断路器辅助接点接触是否良好等。

②当操作合闸后绿灯闪光，而红灯不亮，仪表无指示，喇叭响，断路器机械分、合闸位置指示器仍在分闸位置，则说明操作手柄位置和断路器的位置不对应，断路器未合上。其常见的原因有：合闸回路熔断器熔断或接触不良；合闸接触器未动作；合闸线圈发生故障。

③当操作断路器合闸后，绿灯熄灭，红灯瞬时明亮后又熄灭，绿灯又闪光且有喇叭响，说明断路器合上后又自动跳闸。其原因可能是断路器合在故障线路上造成保护动作跳闸或断路器机械故障不能使断路器保持在合闸状态。

④若操作合闸后绿灯闪光或熄灭，红灯不亮，但表计有指示，机械分、合闸位置指示器在合闸位置，说明断路器已经合上。可能的原因是断路器辅助接点接触不良，例如常闭接点未断开，常开接点未合上，致使绿灯闪光和红灯不亮；还可能是合闸回路断线或合闸红灯烧坏。

常见的机械方面故障：传动机构连杆松动脱落；合闸铁芯卡涩；断路器分闸后机构未复归到预合位置；跳闸机构脱扣；合闸电磁铁动作电压过高，使挂钩未能挂住；分闸连杆未复归；机构卡死，连接部分轴销脱落，使机构空合；有时断路器合闸时多次连续做分合动作，此时系开关的辅助常闭接点打开过早。

2. "拒分"故障的判断与处理

断路器的"拒分"对系统安全运行威胁很大，当设备发生故障时，断路器拒动，将会使电气设备烧坏或越级跳闸而引起电源断路器跳闸，使变配电所母线电压消失，造成大面积停电。对"拒分"故障的处理方法如下：

根据事故现象，判断是否属于断路器"拒分"事故。当出现表计全盘摆动，电压表指示值显著降低，回路光字牌亮，信号掉牌显示保护动作，则说明断路器拒绝分闸。

确定断路器故障后，应立即手动分闸。当尚未判明故障断路器之前而主变压器电源总断路器电流表指示值明显增大，异常声响强烈，应先拉开电源总断路器，以防烧坏主变压器。当上级后备保护动作造成停电时，若查明有分路保护动作，断路器未跳闸，应拉开拒动的断路器，恢复上级电源断路器；若查明各分路开关均未动作（也可能是保护拒动），则应检查停电范围内的设备有无故障，若无故障应拉开所有分路断路器，合上电源断路器后，逐一试送各分路断路器。当送到某一分路时电源断路器又再跳闸，则可判明该断路器为故障（"拒分"）断路器。这时不应再送该断路器，但要恢复其他回路供电。

在检查"拒分"断路器除可迅速排除的一般电气故障（如控制电源电压过低、控制回路熔断器接触不良、熔丝熔断等）外，对一时难以处理的电气或机械性故障，均应联系调度，做停用、转检修处理。对断路器"拒分"故障的分析判断方法如下：

（1）检查是否为跳闸电源的电压过低所致。

（2）检查跳闸回路是否完好，如果跳闸铁芯动作良好而断路器"拒分"，则说明是机械故障。

（3）若操作电压正常，操作后铁芯不动，则很可能是电气故障引起"拒分"。

（4）如果电源良好，而铁芯动作无力、铁芯卡涩或线圈故障造成"拒分"，可能是电气和机械方面同时存在故障。常见的电气和机械方面的故障如下：

①电气方面原因有：控制回路熔断器熔断或跳闸回路各组件（如控制开关触点、断路器操动机构辅助触点、防跳继电器和继电保护跳闸回路等）接触不良；跳闸回路断线或跳闸线圈烧坏；继电保护整定值不正确；直流电压过低，低于额定电压的80%以下。

②机械方面原因有：跳闸铁芯动作冲击力不足，说明铁芯可能卡涩或跳闸铁芯脱落；触头发生焊接或机械卡涩，传动部分故障（如销子脱落等）。

3．"误分"故障的判断和处理

如果断路器自动跳闸而继电保护未动作，且在跳闸时系统无短路或其他异常现象，则说明断路器"误分"。对"误分"的判断和处理一般分以下三步进行：

（1）根据事故现象的特征，即在断路器跳闸前表计、信号指示正常，跳闸后，绿灯连续闪光，红灯熄灭，该断路器回路的电流表及有功功率、无功功率表指示为零，则可判定属"误分"。

（2）检查是否属于因人员误碰、误操作，或受机械外力振动而引起的"误分"，此时应排除开关故障原因，立即送电。

（3）若因为电气或机械部分故障而不能立即送电，则应联系调度将"误分"断路器停用转检修处理。

常见的电气和机械方面的故障分别如下：

①电气方面故障：保护误动作或整定值不当，或电流、电压互感器回路故障；二次回路绝缘不良，直流系统发生两点接地，使直流正、负电源接通，这相当于继电保护动作，产生信号而引起跳闸。

②机械方面故障：跳闸脱扣机构维持不住；定位螺杆调整不当，使拐臂三点过高；拖架弹簧变形，弹力不足；滚轮损坏；拖架坡度大、不正或滚轮在拖架上接触面少。

4. "误合"故障的判断和处理

若断路器未经操作自动合闸，则属"误合"故障。经检查确认为未经合闸操作，若手柄处于"分后"位置，而红灯连续闪光，表明断路器已合闸，但属"误合"，此时应拉开"误合"的断路器。

对"误合"的断路器，如果拉开后断路器又再"误合"，应取下合闸熔断器，分别检查电气和机械方面的原因，联系调度将断路器停用转检修处理。"误合"的可能原因如下：

（1）直流回路中正、负两点接地，使合闸控制回路接通。

（2）自动重合闸继电器内某组件故障接通控制回路（如内部时间继电器常开接点误闭合），使断路器合闸。

（3）合闸接触器线圈电阻过小，且启动电压偏低，当直流系统瞬间发生脉冲时，会引起断路器误合闸。

5. SF_6 断路器气体压力异常或本体严重漏气的处理

（1）当断路器 SF_6 气体压力降低报警时，应立即到现场检查 SF_6 气体压力值，加强监视，并及时汇报调度，通知维修单位进行处理。

（2）当 SF_6 气体渗漏严重，压力下降较快且接近或降至闭锁值时，应向调度汇报申请停电处理；SF_6 气体压力低于闭锁值时，不得进行该断路器的操作。

（3）当 SF_6 气体压力降至分、合闸闭锁值报警时，应立即到现场检查 SF_6 气体压力，如压力确降至闭锁值，应立即将该断路器控制电源拉开，使该断路器变为死连接断路器，并汇报调度申请停电处理，通知维修单位及时处理。

6. 真空断路器灭弧室内有异常时的处理

真空断路器跳闸，真空泡破损，或检查断路器仍有电流指示，应穿绝缘鞋并戴好绝缘手套至现场检查。设备真空确已损坏，汇报调度，拉开断路器电源，将故障设备停电后方允许将故障设备停电退出运行。不允许直接拖出故障断路器手车。

7. 弹簧操动机构异常处理（发"弹簧未储能"信号时的处理）

（1）弹簧操动机构发"弹簧未储能"信号时，值班人员应迅速去现场，检查交流回路是否有故障，电动机有故障时，应用手动将弹簧拉紧，交流电动机无故障而且弹簧已拉紧，应检查二次回路是否误发信。

（2）如果由于弹簧有故障不能恢复时，应向当值调度申请停电处理。

（三）断路器的分合闸操作

断路器的分合闸操作是电路通断的两个最主要的操作步骤。操作时一般应注意以下几点：

1. 断路器分闸

（1）操作之前，应先检查和考虑保护及二次装置的适应情况。例如，并列运行的线路解列后，另一回线路是否会过负荷，保护定值是否需要调整。

（2）断路器控制把手扭至分闸位置，瞬间分闸后，该断路器所控制的回路电流应降至零，绿灯亮，现场检查机构位置指示器指示在分闸位置。

2. 断路器合闸

（1）合闸操作之前，首先要检查该断路器已完备地（从冷备用）进入（在）热备用状态。它包括：断路器两侧隔离开关均已在合好后位置，断路器的各主、辅继电保护装置已按规定投入，合闸能源和操作控制能源都已投入，各位置信号指示正确。

（2）操作断路器控制把手注意用力要掌握适度。控制把手扭至合闸位置，观察仪表指示出现瞬间冲击（空短线路无此变化），待红灯亮后才可返回，不能返回过快致使断路器来不及合闸。

（3）操作合闸后，检查断路器合闸回路电流表指针回零，并应对测量仪表和信号指示、机构位置进行实地检查。例如，电流表、功率表在回路带负荷情况时的指示，分、合闸位置指示器的指示等，从而做出操作结果良好的正确判断。

四、隔离开关的运行与维护

隔离开关在分位置时，触头间有符合规定要求的绝缘距离和明显的断开标志；在合位置时，能承载正常回路条件下的电流及在规定时间内异常条件（例如短路）下的电流的开关设备。

我们所说的隔离开关，一般指的是高压隔离开关，即额定电压在 1 kV 及其以上的隔离开关，通常简称为隔离开关，是高压开关电器中使用最多的一种电器。它本身的工作原理及结构比较简单，但是由于使用量大，工作可靠性要求高，对变电站、电厂的安全运行的影响均较大。隔离开关的主要特点是无灭弧能力，只能在没有负荷电流的情况下分、合电路。隔离开关用于各级电压，用作改变电路连接或使线路或设备与电源隔离，它没有断流能力，只能用其他设备将线路断开后再进行操作。一般带有防止开关带负荷时误操作的联锁装置。

（一）隔离开关的作用、分类及特点

隔离开关可以在分闸后，建立可靠的绝缘间隙，将需要检修的设备或线路与电源用一个明显断开点隔开，以保证检修人员和设备的安全。还可以根据运行需要，换接线路。用来分、合线路中的小电流，如套管、母线、连接头、短电缆的充电电流，开关均压电容的电容电流，双母线换接时的环流以及电压互感器的励磁电流等。隔离开关可以根据不同结构类型的具体情况，可用来分、合一定容量变压器的空载励磁电流。

隔离开关的作用是断开无负荷电流的电路，使所检修的设备与电源有明显的断开点，以保证检修人员的安全，隔离开关没有专门的灭弧装置不能切断负荷电流和短路电流，所以必须在电路中断路器断开的情况下才可以操作隔离开关。

高压隔离开关按其安装方式的不同，可分为户外高压隔离开关与户内高压隔离开关。户外高压隔离开关指能承受风、雨、雪、污秽、凝露、冰及浓霜等作用，适于安装在露台使用的高压隔离开关。按其绝缘支柱结构的不同可分为单柱式隔离开关、双柱式隔离开关、三柱式隔离开关。其中，单柱式隔离开关在架空母线下面直接将垂直空间用作断口的电气绝缘，因此具有的明显优点，就是节约占地面积，减少引接导线，同时分合闸状态特别清晰。

隔离开关具有以下几个特点：

1. 在电气设备检修时，提供一个电气间隔，并且是一个明显可见的断开点，用以保障维护人员的人身安全。

2. 隔离开关不能带负荷操作，不能带额定负荷或大负荷操作，不能分、合负荷电流和短路电流，但是有灭弧室的可以带小负荷及空载线路操作。

3. 送电操作时，先合隔离开关，后合断路器或负荷类开关；断电操作时，先断开断路器或负荷类开关，后断开隔离开关。

4. 选用时和其他的电气设备相同，其额定电压、额定电流、动稳定电流、热稳定电流等都必须符合使用场合的需要。

（二）隔离开关的操作

1. 一般规定隔离开关允许进行的操作

（1）正常时拉合电压互感器和避雷器。

（2）拉合 220 kV 空载母线。

（3）拉合电网没有接地故障时的变压器中性点。

（4）拉合经开关或隔离开关闭合的旁路电流。

（5）户外垂直分合式三联隔离开关，拉合电压在 220 kV 及以上、励磁电流不超过 2 A 的空载变压器和电容电流不超过 5 A 的空载线路。

（6）10 kV 户外三联隔离开关拉合不超过 15 A 的负荷电流。

（7）10 kV 隔离开关拉合不超过 70 A 的环路均衡电流。

2. 隔离开关的操作顺序

（1）首先在操作隔离开关时，应先检查相应回路的断路器确实在断开位置，以防止带负荷拉、合隔离开关。

（2）线路停、送电时，必须按顺序拉、合隔离开关。停电操作时，必须先拉断路器，后拉线路侧隔离开关，再拉母线侧隔离开关。送电操作顺序与停电顺序相反。这是因为发生误操作时，按上述顺序可缩小事故范围，避免误操作使事故扩大到母线范围。

（3）操作中，如发现绝缘子严重破损、隔离开关传动杆严重损坏等严重缺陷时，不得进行操作。

（4）隔离开关操作时，应有值班人员在现场逐相检查其分、合闸位置，同期情况，触头接触深度等项目，确保隔离开关动作正确、位置正确。

（5）隔离开关一般应在主控室进行操作。当远控电气操作失灵时，可在现场就地进行手动或电动操作，但必须征得站长或技术负责人的许可，并在有现场监督的情况下才能进行。

（6）隔离开关、接地开关和断路器之间安装有防止误操作的电气、电磁和机械闭锁装置。倒闸操作时，一定要按顺序进行。如果闭锁装置失灵或隔离开关和接地开关不能正常操作时，必须严格按闭锁的要求条件检查相应的断路器、隔离开关位置状态，只有核对无误后，才能解除闭锁进行操作。

（三）隔离开关常见的故障

隔离开关常见的故障有：接触部分过热；瓷质绝缘损坏和闪络放电；拒绝分、合闸；误拉、合隔离开关。

隔离开关在运行中过热，主要是负荷过重、接触电阻增大、操作时没有完全合好引起的。接触电阻增大的原因为刀片和刀嘴接触处斥力很大，刀口合得不严，造成表面氧化，使接触电阻增大。其次，隔离开关拉、合过程中会引起电弧，烧伤触头，使接触电阻增大。

判断隔离开关触头是否过热根据隔离开关接触部分变色漆或试温片颜色的变化来判断，也可根据刀片的颜色发暗程度来确定。现在一般根据红外线测温结果来确定。

1. 隔离开关触头、接点过热处理

发现隔离开关触头、接点过热时，首先汇报调度，设法减少或转移负荷，加强监视，然后根据不同接线进行处理。

（1）双母线接线。如果一母线侧隔离开关过热，通过倒母线，将过热的隔离开关退出运行，停电检修。

（2）单母线接线。必须降低其负荷，加强监视，并采取措施降温，如条件许可，尽可能停止使用。

（3）带有旁路断路器的可用旁路断路器倒换。

（4）如果是线路侧隔离开关过热，其处理方法与单母线处理方法基本相同，应尽快安排停电检修。维持运行期间，应减小负荷并加强监视。

（5）一个半断路器接线的可开环运行。

（6）对母线侧隔离开关过热的触头、接点，在拉开隔离开关后，经现场检查，满足带电作业安全距离的，可带电解掉母线侧引下线接头，然后进行处理。

2. 隔离开关电动操作失灵的检查处理

隔离开关电动操作失灵后，首先检查操作有无差错，然后检查操作电源回路、动力电源回路是否完好，熔断器是否熔断或松动。电气闭锁回路是否正常。

3. 隔离开关触头熔焊变形、绝缘子破损、严重放电

遇到这些情况应立即停电处理，在停电前应加强监视。

4. 隔离开关拒绝分、合闸处理

（1）由于轴销脱落、楔栓退出、铸铁断裂等机械故障，或因为电气回路故障，可能发生刀杆与操动机构脱节，从而引起隔离开关拒绝合闸，此时应用绝缘棒进行操作，或在保证人身安全的情况下，用扳手转动每相隔离开关的转轴。

（2）拒绝分闸。当隔离开关拉不开时，如系操动机构被冰冻结，可以轻轻摇动，并观察支持绝缘子和机构的各部分，以便根据何处发生变形和变位，找出障碍地点。如果障碍地点发生在隔离开关的接触部分，则不应强行拉开，否则支持绝缘子可能会受破坏而引起严重事故，此时只能改变设备的运行方式加以处理。

5. 隔离开关合不到位的处理

隔离开关合不到位，多数是机构锈蚀、卡涩、检修调试未调好等原因引起的，发生这种情况，可拉开隔离开关再合闸。对 220 kV 隔离开关，可用绝缘棒推入，必要时应申请停电处理。高压隔离开关应每 2 年检修 1~2 次。

第四节　直流系统的运行与维护

一、直流系统的运行

设备在运行中，运行人员每天要检测系统上各装置（高频开关电源模块、微机控制单元、绝缘检测装置、电池巡检装置等）显示参数，包括系统交直流电压、电流等。

定期检查系统上的各个装置的参数定值是否正常；检测各馈出开关是否在正常位置，熔断器是否工作正常；对于一个站使用两套或以上充电装置，每天要巡视各母联开关位置是否正常；一般情况下，一组电池一套充电机；定期对蓄电池进行外观检测，检查连接螺钉有无松动；定期检查各组蓄电池浮充电流值；定期检查蓄电池端电压和环境温度等。

（一）蓄电池的巡回检查

1. 蓄电池室通风、照明及消防设备完好，温度符合要求，无易燃、易爆物品。

2. 蓄电池组外观清洁，无短路、接地现象。

3. 各连片连接牢靠无松动，端子无生盐现象，并涂有中性凡士林。

4. 蓄电池外壳无裂纹、漏液，呼吸器无堵塞，密封良好，电解液液面高度在合格范围。

5. 蓄电池极板无龟裂、弯曲、变形、硫化和短路，极板颜色正常，无欠充电、过充电，电解液温度不超过 35 ℃。

6. 典型蓄电池电压、密度在合格范围内。

7. 电装置交流输入电压、直流输出电压、电流正常，表计指示正确，保护的声、光信号正常，运行声音无异常。

8. 直流控制母线、动力母线电压值在规定范围内，浮充电流值符合规定。

9. 直流系统的绝缘状况良好。

10. 各支路的运行监视信号完好、指示正常，熔断器无熔断，自动空气开关位置正确。

（二）特殊巡视检查项目

1. 新安装、检修、改造后的直流系统投运后，应进行特殊巡视。

2. 蓄电池核对性充放电期间应进行特殊巡视。

3. 直流系统出现交、直流失电压，直流接地，熔断器熔断等异常现象处理后应进行特殊巡视。

4. 出现自动空气开关脱扣、熔断器熔断等异常现象后，应巡视保护范围内各直流回路元件有无过热、损坏和明显故障现象。

二、直流系统的维护

定期清扫保持设备整洁，定期测试、试验，最好一年一次；进行各装置参数实际值的测量，装置显示值误差调整，定期检查各个装置参数设置值。单模块输出电压调整校准；各个装置报警功能试验，同时检测各个硬接点输出是否正常。具体实验如下：

1. 输出电压调节范围，进入参数设置屏，将浮充电压设置为电压下限，均充电压设置为电压上限。在浮充状态，充电机输出电压将自动调到输出电压下限，在均充状态，充电机输出电压将自动调到输出电压上限。

2. 输出限流试验，进入参数设置屏，按要求设置好参数，用假负载或蓄电池组放电后，在均充状态下进行试验，充电机输出电流应限制在设置值。

3. 告警功能调试。

（1）充电机无输出：拉开所有电源模块，监控器由蓄电池组供电，监控器应告警充电机无输出。

（2）交流输入过欠电压：拉开交流输入开关，监控器由蓄电池组供电，监控器应告警充电机无输出和交流输入欠电压。

（3）母线过欠电压：设置母线过欠电压告警值，使其在充电机输出电压调节范围内，在浮充或均充状态相互切换下，看告警是否正确。

（4）接地告警：用 $2\sim5$ kΩ 电阻分别将正或负母线接地，看接地告警是否正确。若有支路接地告警检测，用同样方法检测支路接地告警。

（5）空气开关脱扣告警：人为使某路开关脱扣，监控器应告警空气开关脱扣。

（6）熔断器熔断告警：人为压下熔丝熔断微动开关，监控器应告警空气开关脱扣。

4. 其他试验。包括微机监控单元自动控制功能试验；绝缘检测模拟接地告警试验；如果系统具有该项功能，电池巡检仪应该单只电压校准检查；降压装置手动、自动试验；监控装置手动均浮充转换试验；电池的定期充放电实验。

三、直流系统常见故障及原因

（一）交流过、欠电压故障

1. 确认交流输入是否正常。

2. 检查交流输入是否正常，检查空气开关或交流接触器是否在正常运行位置。

3. 检查交流采样板上采样变压器和压敏电阻是否损坏。

4. 其他原因。

（二）空气开关脱扣故障

首先检查直流馈出空气开关是否有在合闸的位置而信号灯不亮，若有确认此开关是否脱扣。

（三）熔断器熔断故障

1. 检查蓄电池组正负极熔断器是否熔断。

2. 检查熔断信号继电器是否有问题。

（四）母线过、欠电压

1. 用万用表测量母线电压是否正常。

2. 检查充电参数及告警参数设置是否正确。

（五）母线接地

1. 先看微机控制器正对地或负对地电压和控母对地电压是否平衡。如果是正极或负极对地电压接近于零，一定是负母线接地。

2. 采用高阻抗的万用表实际测量母线对地电压判断有无接地。

3. 如果系统配置独立的绝缘检测装置可以直接从该装置上查看。

（六）模块故障

1. 确认电源模块是否有黄灯亮。

2. 电源模块红灯亮表示交流输入过、欠电压，或直流输出过、欠电压，或电源模块过热，因此首先检查交流输入及直流输出电压是否在允许范围内，检查模块是否过热。

3. 当电源模块输出过压时将关断电源输出，只能关机后再开机恢复。因此，当确认外部都正常时，关告警电源模块后再开电源模块，看电源模块红灯是否还亮，若还亮则表示模块有故障。

（七）绝缘检测装置故障

检查该装置工作电源是否正常。

（八）绝缘检测报母线过、欠电压

首先检测母线电源是否在正常范围内，查看装置显示的电压值是否同实际不一样，以上都正常，则可能装置内部有器件出现故障，需要厂家修理。

（九）绝缘检测装置报接地

首先看故障记录，确认哪条支路发生正接地还是负接地，其电阻值是多少，然后将故障支路接地排除。

（十）电池巡检仪报单只电池电压过、欠电压

首先查看故障记录，确认哪几只电池电压不正常，然后查看该只电池的保险和连线有无松动或接触不良。

（十一）蓄电池充电电流不限流

1. 首先确认系统是否在均充状态。

2. 其次充电机输出电压是否已达到均充电压。若输出电压已达到均充电压则系统处在恒压充电状态，不会限流。

3. 检查模块同监控之间的接线是否可靠连接。

四、蓄电池和直流故障处理

（一）防酸蓄电池故障及处理

1. 防酸蓄电池内部极板短路或开路，应更换蓄电池。

2. 防酸蓄电池底部沉淀物过多用吸管清除沉淀物，并补充配置的标准电解液。

3. 防酸蓄电池极板弯曲、龟裂、变形，若经核对性充放电容量仍然达不到80%以上，此蓄电池应更换。

4. 防酸蓄电池绝缘电阻降低，当绝缘电阻值低于现场规定时，将会发出接地信号。且正对地或负对地均能测到电压时，应对蓄电池外壳和绝缘支架用酒精擦拭，改善蓄电池室的通风条件，降低湿度，绝缘将会提高。

（二）阀控密封铅酸蓄电池故障及处理

1. 阀控密封铅酸蓄电池壳体变形，一般造成的原因有充电电流过大、充电电压超过

了 2.4 V×N、内部有短路或局部放电、温升超标、安全阀动作失灵等。处理方法是减小充电电流，降低充电电压，检查安全阀是否堵死。

2. 运行中浮充电压正常，但一放电，电压很快下降到终止电压值，一般是蓄电池内部失水干涸、电解物质变质所致。处理方法是更换蓄电池。

（三）直流系统接地处理

220 V 直流系统两极对地电压绝对值差超过 50 V 或绝缘电阻降低到 25 kΩ 以下，24 V 直流系统任一极对地电压有明显变化时，应视为直流系统接地。直流系统接地后，应立即查明原因，根据接地选线装置指示或当日工作情况、天气和直流系统绝缘状况，找出接地故障点，并尽快消除。

使用选线法查找直流接地时，至少应由两人进行，断开直流时间不得超 3 s。选线检查应先选容易接地的回路，依次断开闭合事故照明、防误闭锁装置回路、户外合闸回路、户内合闸回路、6 kV 和 10 kV 控制回路、其他控制回路、主控制室信号回路、主控制室控制回路、整流装置和蓄电池回路。

蓄电池组熔断器熔断后，应立即检查处理，并采取相应措施，防止直流母线失电。当直流充电装置内部故障跳闸时，应及时启动备用充电装置代替故障充电装置运行，并及时调整好运行参数。

直流电源系统设备发生短路、交流或直流失电压时，应迅速查明原因，消除故障，投入备用设备或采取其他措施尽快恢复直流系统正常运行。

蓄电池组发生爆炸、开路时，应迅速将蓄电池总熔断器或空气断路器断开，投入备用设备或采取其他措施及时消除故障，恢复正常运行方式。如无备用蓄电池组，在事故处理期间只能利用充电装置带直流系统负荷运行，且充电装置不满足断路器合闸容量要求时，应临时断开合闸回路电源，待事故处理后及时恢复其运行。

（四）直流电源系统检修与故障和事故处理的安全要求

1. 进入蓄电池室前，必须开启通风。

2. 在直流电源设备和回路上的一切有关作业，应遵守相关规定。

3. 在整流装置发生故障时，应严格按照制造厂的要求操作，以防造成设备损坏。

4. 查找和处理直流接地时工作人员应戴线手套、穿长袖工作服。应使用内阻大于 2 000 Ω/V 的高内阻电压表，工具应绝缘良好。防止在查找和处理过程中造成新的接地。

5. 检查和更换蓄电池时，必须注意核对极性，防止发生直流失电压、短路、接地。工作时工作人员应戴耐酸、耐碱手套，穿着必要的防护服等。

第六章　水电站计算机监控技术应用

第一节　水电站计算机监控系统概论

一、水电站计算机监控系统的组成与任务

（一）计算机基本知识

1. 计算机简介

自 1946 年世界上第一台计算机诞生以来，计算机技术得到了飞速发展和推广。计算机准确地说是一个由硬件和软件组成的微机系统。硬件指的是计算机系统中看得见的各种物理部件，软件指的是依赖于计算机硬件的程序及其相关数据。程序是完成一定功能的计算机指令序列的集合，而指令是计算机内部控制计算机完成某项操作的代码。计算机内的数有二进制位、字节（1 字节 = 8 位）、字（1 字 = 2 字节 = 16 位）等。

按组成规模，计算机系统可分为巨型机、大型机、小型机、微型机和单片机。生活中常用的是微型计算机，简称微机，也称为电脑。根据应用领域的不同，微机又可以分为个人计算机（PC）、工业控制计算机（IPC）、可编程控制器（PLC）、单片机。水电站应用的计算机主要是后三种。

计算机系统的信号有电信号和光信号。电信号传输速度快、距离远、能承载的信息量大并且处理方便，是通信信号的主要形式。但随着光纤的应用，光信号也被越来越多地应用于通信中。

电信号以其波形特征可分为模拟信号和数字信号。模拟信号是随着时间的变化而连续变化的，在水电站中常见的有电压、电流、压缩空气压力、温度等。数字信号采用"1"和"0"表示特定时刻的状态，在水电站中常见的有断路器的分或合、闸门的全开或全关等。

计算机只能处理数字信号，模拟信号经过 A/D 转换器转换成数字信号才能由计算机处理。计算机处理的结果是数字信号，数字信号可以经过 D/A 转换器转换成模拟信号。

信号传递的媒介是信道。信道可以分为有线信道和无线信道两类：常用的有线信道有双绞线、同轴电缆、光导光纤等；无线信道由空间构成，信号以电磁波的形式传播。

2. 计算机通信

计算机与其外部设备、计算机与计算机之间的信息交换称为通信。通信的基本方式分为并行通信和串行通信两种。并行通信是指数据的各位同时进行传送的通信方式。其优点是数据传送速度快，缺点是需要多条传输线。串行通信是指数据的各位是一位一位地按顺序传送的通信方式。其突出优点是数据的传送只需要一对传输线或利用电话线作为传输线，可极大地降低成本，特别适用于远距离通信；缺点是数据传送速率较低。

由于并行通信受通信距离的限制，在水电站计算机监控系统中一般使用 RS-232C 和 RS-485 串行通信方式。串行通信中，数据是在两个站之间传送的，根据传送方向的不同，有半双工和全双工之分。

半双工方式使用一条传输线，可以进行双向传输，但任何时候只能是一个站发送，另一个站接收。既可以是 A 站发送到 B 站，也可以是 B 站发送到 A 站，但两个站的数据不能同时发送。

全双工方式须有两条传输线，对于 A、B 两站，都允许发送和接收同时进行。显然，在这种方式下，两个传输方向的资源完全独立，A 和 B 都有独立的接收器和发送器。最简单的情况，只需使用三根线（接收线、发送线、信号地线）便可实现全双工异步通信。计算机和数据通信设备之间通信时，是通过计算机串行口与通信设备连接的。

RS-232C 标准（协议）是美国 EIA（电子工业联合会）与 BELL 等公司一起开发并已于 1969 年公布的通信协议。它适合于数据传输速率在 0~20 000 bit/s 范围内的通信，是异步串行通信中应用最广泛的标准总线。

RS-485 为半双工串行通信标准，对于多站互联是十分方便的。RS-485 标准允许最多并联 32 台驱动器和 32 台接收器，其传输速率最高为 10Mbit/s，电缆长度最大为 1 200m。

（二）水电站计算机监控系统的基本组成

电能不能大量储存，其生产、输送、分配和消耗必须在同一时间内完成。电能这个特性决定了水电站的发电过程必须是连续进行的，因此，水电站的计算机监控系统必定是实时控制系统。水电站计算机监控系统由硬件系统和软件系统两部分组成。

1. 硬件系统

水电站的计算机监控的硬件系统一般由主机、模拟量输入/输出通道、开关量输入/输出通道、接口电路、系统总线、外部设备、自动化仪表、运行操作台及通信设备等部分组成。下面简要介绍系统各部分的功能：

（1）主机。主机由运算器、控制器和内存储器三个部分组成，是计算机控制系统的核心。主机的任务是完成程序的存储，并根据事先安排好的程序自动地对水电站的运行信息进行计算、分析，并做出相应的控制决策，以信息的形式通过输出通道向被控制对象发出控制命令。

（2）输入/输出通道。输入/输出通道也称为过程通道。过程通道包括模拟量的输入与输出通道、开关量的输入与输出通道，是主机与被控对象相互联系的桥梁。水电站运行过程中的各种电量、非电量及开关量被检测后都通过输入通道送入计算机，而计算机的各种控制信息则通过输出通道传送给被控对象。

（3）接口电路。接口电路是主机与外部设备、过程通道互相联系的纽带。计算机的接口电路主要有并行接口、串行接口及管理接口三种。主机通过接口电路来传送有关信息和命令以实现对外部设备、输入输出通道的控制。

（4）系统总线。系统总线把计算机硬件的各部分有机地联系在一起，使整个计算机系统有序地、高效率地投入运行。计算机的总线形式有单总线、双总线及多总线等。

（5）外部设备。外部设备是指输入设备、输出设备及外存储器等设备。如键盘、光电输入机等输入设备是用来输入程序和数据的。输出设备主要有打印机、记录仪、显示器等，其作用是把主机输出的二进制数据变换成十进制数据、曲线及字符等，使运行人员能及时地了解生产过程。外存储器有磁带、磁盘等，其功用是存储程序及有关数据。

（6）运行操作台。运行操作台是运行人员与计算机控制系统进行联络的工具。运行操作台设置了各种功能键、数字键及显示屏幕。运行人员通过运行操作台实现对控制参数的修改、控制命令的发出、对事故的处理以及对整个生产过程的随时了解。

（7）通信设备。通信网络由各种通信设备组成，与上一级计算机系统连接进行通信。它既可接受上一级计算机系统下达的各种命令和信息，也可向上一级计算机系统发送本电站的有关信息。

2. 软件系统

软件系统包括系统软件和应用软件两大部分。系统软件由计算机厂家提供，一般包括程序设计系统、诊断程序和操作系统三个部分。程序设计系统是为用户进行程序编制而提供的工具程序，例如编译程序等，它的作用是把用户输入的源程序翻译成为目标程序。诊断程序是为计算机的调试、查错和故障修复而提供的工具程序。操作系统是对计算机的监控系统进行管理调度的程序，是用户进行管理的基础。

但对用户来说，更需要掌握的是应用软件。应用软件是用户自己设计和编写的，主要包括过程监视程序、过程控制程序及公共应用程序。过程监视程序包括数据巡回检测程序、数据处理程序、越限报警程序以及控制台服务程序等；过程控制程序包括描写生产过程及实现控制的各种程序；公共应用程序包括服务子程序和制表打印等程序。

（三）水电站计算机监控系统的主要任务

1. 水库的经济运行

计算机对库区的雨量和水位资料进行计算，进行短期或长期的水文预报。根据预报，主机计算出 24 h 的流量过程线，在给定的负荷调整范围内，由计算机给出 24 h 的负荷运行建议，供调度人员选用。这些工作是水电站经济运行的基础，也是合理利用水能资源必须进行的工作。

2. 最优发电控制

计算机对水电站的监控，最直接的目的就是进行最优的发电控制。监控的主要内容如下：

（1）根据电力系统对水电站有功功率的需要，实时调节水轮机导水叶开度，输入所需的水量。

（2）保证水轮发电机组的最优配合和负荷的最优分配。当水电站接受上一级调度下达的发电任务之后，水电站运行人员必须根据本水电站的机组台数、各机组的技术性能进行合理的组合，使各机组发挥最高的效率，并使整个水电站以最小的耗水量发出最多的电能。为了达到这个目的，必须制定合理的数学计算模型，然后由计算机进行计算，将各种可能运行组合的结果进行比较，选出最优方案。

（3）保证水电站的电压质量及无功功率的合理分配。这项工作，由运行人员根据电力系统对本电站的要求，给计算机输入控制水电站母线电压的上下限值，将无功功率分配给各发电机组。

3. 安全监视

安全监视包括水库防洪监测、大坝的安全监测和对运行设备的监视等内容。

（1）水库防洪监测。水库防洪是涉及水电站建筑物的安全和下游人民生命财产安全的重大问题。一个完整的水电站计算机控制系统，应该设置水文预报系统。一般情况下，该预报系统可以根据水情测报系统提供的水文资料进行水力资源的计算，为运行人员提供决策资料；而在洪水季节，则应根据各个方面送来的水文资料进行洪水预报，进行洪水调度计算，进行泄洪闸门的开启计算等。

（2）大坝安全监测。大坝安全监测是对水电站大坝、厂房、泄洪道、船闸等水工建筑物的监测，包括对大坝的位移、温度、应力、渗漏等参数的测量和显示。

（3）对运行设备的监视。利用计算机对水电站运行中的水轮发电机组及辅助设备的各项参数进行巡回检测，当发现这些设备的有关参数超过规定的上、下限值时，计算机便发出越限警报。对某些重要设备的关键参数，可以设置趋势记录，一旦发现有异常趋势，计算机便发出相应的警告，运行人员可以采取措施，及时消除隐患。

4. 自动控制

根据计算机给出的有关命令，水轮发电机组的开停机、发电、调相状态的转换、发电机的并列运行、机组有功功率及无功功率的调节、进水闸门开闭以及水轮机导水叶开度的调节等都可以进行自动控制。

5. 自动处理事故

水电站出现的事故往往是突发性的，在短时间内，运行人员很难对事故的性质做出准确的分析判断。通过计算机监控系统可以对水电站的设备进行在线监视，对运行设备的各种参数进行记录和存储，一旦发生事故，计算机便对事故进行分析，然后再执行有关的事故处理程序，在事故得到及时处理的同时还记录了事故的性质、发生的时间和地点。

二、水电站计算机监控的方式

计算机对水电站的监控是通过外围设备来实现的。目前，许多水电站计算机还只是用于数据处理和开环控制，但也有一部分用于闭环控制。

实现水电站的机组及其辅助设备自动化的水电站计算机控制方式有多种，下面具体介绍数据采集与处理、运行指导、监督控制三种方式。

（一）数据采集与处理

数据采集与处理是计算机监控系统的基本功能，也是计算机在水电站的最简单的应用。数据采集与处理包括了传统的参数测量、运行监视和越限报警，还可分辨事件发生的先后顺序，对运行情况进行记录和制表。同时，还可根据提取的事故发生前的运行数据，指出机组运行的发展趋势。此外，通过水电站生产过程数据采集建立起来的数据库还可以进行自动操作和作为控制的依据。

电能生产过程中需要收集的运行参数，首先通过外围设备变换成数字量存入内存。然后，计算机将这些数据转换成用相应运行参数的工程单位表示的数值，并将这些计算结果通过外部设备输出到外部存储器或通过打印机打印出来。另外，计算机还可以进行其他的一些数据处理。

数据采集与处理方式一般用于记录生产过程的历史资料，研究各种不同情况下的生产过程，还可以用于建立或改善反映生产过程的数学模型。

（二）运行指导

运行指导属于开环控制方式。其计算机的输出不直接作用于被控制对象的控制元件

（或执行机构）上，而仅仅是输出一些数据。然后，由运行人员参考这些数据，完成相应的操作或控制。在这种方式中进行操作或控制的是人而不是计算机。

采用这种控制方式时，反映生产过程的有关参数每隔一定时间就由外围设备送入计算机。计算机按一定要求计算出各种控制量最合适或最佳数值，并在屏幕显示器上显示出来或由打印机打印出来。然后，由运行人员按照计算机输出的要求，操作执行机构或改变有关控制（调节）装置的给定值，以达到控制被控制对象的目的。

例如，当水电站的负荷发生变化时，计算机通过计算可给出在此工况下运行机组间的最佳负荷经济分配。然后，由运行人员去完成有关的操作，以实现水电站的经济运行。由此可见，这种控制方式的计算机控制系统只起到一种运行指导的作用。实际上，越限或事故报警也是运行指导的一部分工作。用于运行指导控制方式的计算机，同时要完成数据采集与处理等功能。显然，在这种控制方式中，水电站的各种常规自动装置仍然是不可缺少的。

运行指导控制方式的优点是比较灵活和保险。计算机给出的运行指导，运行人员认为合适则采纳，不合适的可以不采纳。因此，这种控制方式一般用于设置计算机监控的初期阶段，或用来调试新的控制程序和试验新的数学模型。对于一些已建成的老水电站，也可以用这种控制方式实现经济运行。

（三）监督控制

计算机的监督控制方式是通过输入通道对被控对象的有关参数进行采集之后，根据运行过程的数学模型由计算机计算出控制的最佳给定值，并通过输出通道直接改变前一状态的控制给定值。控制是否合理，取决于过程的数学模型和算法是否合理。生产过程的数学模型往往是很复杂的，但要实现闭环控制，必须解决过程的数学模型和算法问题。

监督控制方式是水电站计算机监控的主要方式，会给水电站经济运行、安全运行以及提高供电质量带来最佳的效果。但这种控制方式对控制系统的可靠性的要求也很高。因为当计算机控制系统发生故障时，水电站的正常运行就无法维持。因此，当采用这种控制方式时，一般应配置双机系统。双机同时投入运行，但其中一台计算机作为工作机，直接进行在线监控；另一台作为备用机，除了控制输出通道是悬空的，其余的设备一样投入工作。

集中控制方式是指整个水电站采用一台或几台计算机进行控制，是早期采用比较多的控制方式。这种控制方式用一台或几台计算机实现整个水电站的各项自动化功能，如完成检测、记忆数据、报警、打印制表、经济调度等控制任务。对于一些已运行的老水电站，可采用这种控制方式实现运行状态监视、经济运行以及管理各种自动装置等。上述运行指导的控制方式和监督控制的控制方式，都可以是采用一台计算机的集中控制类型。

分布控制类型具有工作可靠、功能强、便于实现标准化等优点，它是将整个水电站的控制功能分成两级，即全站管理级和单元控制级。全站管理级主要负责处理全站性的自动化功能，如经济运行、发电控制、安全控制、自动电压控制、检测、报警、制表等，一般采用工业控制计算机或微型计算机。基层的控制任务则由单元控制级完成，它通常按被控制对象（如机组、开关站、辅助设备等）设置，一般采用微型计算机。单元控制级是构成整个控制系统的基础。由于它具有一定的处理能力，能分担全站管理级的处理任务，故可以减少控制系统的信息流通量，降低对全站管理计算机在规模、速度和可靠性方面的要求。单元控制级接受全站管理级的命令实行对被控制对象的控制，而全站管理级则对整个水电站的生产过程进行调度管理和监控。

三、小型水电站计算机监控的特点与意义

（一）小型水电站的特点

目前，我国大多数小型水电站具有以下特点：

1. 建设资金不富裕。小型水电站多为地方投资或者集资兴建，资金来源有限。因此，在兴建过程中力求设备简单、价格低廉，以节省投资。

2. 运行方式变化大。小型水电站一般水库容量很小，运行方式受降雨量的影响较大，而用电规律受生产季节与生活用电的影响极大，因而运行方式变化大，机组启停频繁。

3. 电压变化极大。小型水电站往往为独立供电，用户分散，输送距离远，负荷变化幅度又大，因而电压变化幅度大。为了照顾首末端用户的使用电压，电压的设定和调节变化频繁。

4. 无特殊用户。小型水电站供电对象一般为乡镇加工企业和生活照明用电、无特殊要求不停电以及高电能质量的企业及单位。

5. 技术力量薄弱。小型水电站运行维护人员一般均为非专业学校教育的技术人员，操作复杂繁多的自动化装置和应对复杂的运行方式较困难。

6. 技术更新费用少。小型水电站的年维护更新费用很少，不可能有计划地进行设备的更新和完善。

（二）小型水电站计算机监控的特点

我国的水力资源丰富，数以万计的中小型水电站遍布全国的各地乡村。小水电站的大力发展使我国几百个县实现了农村电气化。农村要实现电气化，电力要先行，从电力生产

方面来说，关键要做好发电和供电两个方面的工作。目前，在全国全面实施的农村电网改造的重点是解决广大城乡供电系统问题。而发电企业主要是中小型水力发电厂。因此，要实现农村电气化，必须抓好小水电建设，不断提高小水电站的综合自动化水平。小水电站的综合自动化，重点不在于高性能，也不在于片面地追求功能完善化，而应在于实现基本的控制、操作和保护的功能与可靠性，即其关键是要确保调速、励磁、机组自动化控制和保护功能及其工作可靠性。

因此，改善水电站运行条件、提高水电站综合经济效益的重要措施是实现小水电站自动化。根据我国的国情，小水电站实现自动化不仅要更多地考虑价格因素、运行人员的技术水平，还要考虑经济效益等。可见，小水电站计算机监控有其自身的特点，即为良好的经济性与技术的实用性、操作简单化、功能的完整及可靠性。

1. 良好的经济性与技术的实用性

小水电站计算机监控系统应强调以经济实用为原则，自动化装置应要有良好的经济性，包括投资的经济性和维护的经济性。由于小水电站在系统中并非主导地位，系统对它的可靠性和稳定性要求也相对较低，因此自动化功能和配置可以简化，只要能实现基本的控制、操作和保护等功能，满足农村区域电网的运行要求即可。但随着电子工业的成熟和发展，小水电站陈旧的监控装置故障率高、维护工作量大，已经不适应生产的需要，应该向可靠性高、维护简单的计算机技术发展。

一切从经济实用的角度出发，根据小水电站不同装机容量或等级采用不同的自动化模式，这是近几年小水电站自动化得到发展的原因之一。

2. 操作简单化

小水电站地处偏僻的农村，由于客观原因，水电站运行人员的技术水平一般比较低，难以接受操作和维护都相对比较复杂的自动化系统。所以，针对广大农村小水电站工作人员的运行水平，应该采用一种操作简单、性能可靠的自动控制保护系统，只须经过简单的短期培训就能完全掌握。而满足基本控制功能的简单的小水电站计算机监控系统，也可进一步提高发电生产过程的可靠性。另外，新材料、新技术可大胆地应用于小水电站中。与大中型水电站相比，小水电站在电网中的重要性相对比较低，可允许尝试性地采用新材料、新技术，如使用液压装置代替调速器等。

3. 功能的完整及可靠性

过去小水电的自动化控制系统为了省投资，将功能减到最低限度，使信号、保护、自动功能都不完整，因而可靠性低、故障率高、电能质量差，已不能满足现代农村经济的要求。因此，小水电站计算机监控系统不仅要简化设备，而且功能要完整，且各类自动化参数符合国家有关标准的要求。随着计算机技术的成熟，可以实现小水电的综合自动化，实现集中监控，由少人值班过渡到无人值班，从而提高劳动生产率。

（三）水电站计算机监控的意义

水电站计算机监控的意义就是通过对水电站的水轮发电机组及其辅助设备、水电站附属设备的信息进行采集、处理，实现自动监视、控制、调节、保护，从而保证水电站充分利用水能安全，并按电力系统要求优化运行与稳定运行，保证电能的质量。同时，减少运行与维护成本，改善运行条件，实现无人值班（少人值守）的目的。

1. 以选型的方式代替常规电气设计，简化设计、安装和调试工作

常规继电接触器控制方案的电气设计非常烦琐，在设备订货时，除要向厂家提供原理图、布置图，还应进行各种继电器的选型、配套。而将自动控制系统设备集成后，设计单位只要提供一次主接线和保护配置及自动化要求即可。因此，可以通过以选型的方法代替电气设计，简化了整个水电站的设计、安装和调试工作。

2. 水轮发电机组的安全可靠运行，提高电能质量

水电站计算机监控系统除了能准确而迅速地反映水电站中水轮发电机组等设备正常运行的状态及参数，还能及时反映水电站设备的不正常状态及事故情况，自动实施安全处理。水电站的自动控制减少了运行人员直接操作的步骤，从而大大降低了发生误操作的可能性，保证了水电站设备运行的可靠性，在一定意义上，也保证了电网运行的可靠性。在水轮发电机组等设备安全可靠运行的情况下，计算机监控系统能自动控制发电机组频率和电压，并根据电力系统调度要求，自动调节发电、供电、用电的平衡，提高了电能质量。

3. 自动化与优化运行相结合，提高发电效益

水电站计算机监控技术的应用，使水电站运行实现自动化，运行人员对设备的操作工作量大大减少，减轻了运行人员的劳动强度，也减少了水电站的运行人员数量，使水电站实现无人值班（少人值守）的目的，降低了运行费用及发电成本。同时，也实现了优化运行。

4. 加速水轮发电机组的自动调节过程，确保实施竞价上网

水电站计算机监控系统是按照预定的逻辑控制顺序或调节规律，依次自动完成水电站设备的控制调节的。这消除了人工操作在各个操作过程中的时间间隔，免去了人工操作过程中的检查复核时间，加快了控制调节过程。

根据国家电力体制改革的要求，实现"厂网分开，竞价上网"后，水电站如果没有自动化系统，而是依靠传统的人工操作控制，将难以满足市场竞争的需要。不了解实时行情，参与竞价将非常困难。即使争取到了发电上网的机会，如果设备陈旧落后也不能可靠运行，不仅自身发电效益受损，也影响电网供电。

第二节　水电站计算机监控系统数据采集

一、水电站的非电量及电量的检测

在水电站计算机监控中，需要检测三类参数：①与水电站运行有关的非电量，如水位、油位、流量、压力、位移、应力、转速、导叶开度、湿度、噪声等；②与发电有关的电量，如电压、电流、有功功率、无功功率、频率、相位、功率因数等；③与生产过程运行设备的状态有关的状态量，如开关的通或断，阀门的开或关。对于非电量的检测，一般都需要先把非电量转换成为相应的电信号，经过模/数转换后送给计算机进行处理。对于电量，应先将它们变换成标准的电量值，再进行模/数转换，然后送给计算机进行处理。

电量的检测过程比较容易，检测技术比较成熟。非电量的检测，通常借助传感器才能把非电量转换成相应电量。水电站计算机监控要求对电站的有关非电量及电量进行连续的测量，以便把反映水电站运行状况的各种参数及时测量出来，由计算机进行计算、分析、显示，使运行人员能及时地对水电站运行情况进行调节控制。同时，计算机还将检测结果通过计算机网络传送到上一级控制系统。

（一）水电站运行的数据分类

在水电站计算机监控系统中，数据采集的主要作用是实现生产过程以及与系统有关环境的监视和控制信号的采集、处理和传输。其主要数据包括如下几种：

1. 模拟输入量。将现场的电量和非电量直接或经过变换后输入计算机系统接口设备的模拟量。适合水电站计算机监控系统的模拟输入量参数范围包括 0~5 V（DC）、0~10 V（DC）、±5 V（DC）、±10 V（DC）、0~20 mA、±20 mA、4~20 mA 等几种。

2. 模拟输出量。指通过计算机接口设备输出的模拟量。水电站中经常采用的输出标准为 0~10 V（DC）或 4~20 mA。

3. 数字输入状态量。指生产过程的状态或位置信号输到计算机系统接口设备的数字量（开关量），此类数字输入量一般使用二进制的一位"0"或"1"来表示两个状态。在电力系统中为了安全起见，有时也采用两位"10"或"01"表示两个状态。

4. 数字输入脉动量。指生产过程经计算机过程通道的脉冲信息输入，由计算机系统进行脉冲累加的一位数字量。应注意的是其处理和传输属于模拟量类型。

5. 数字输入 BCD 码。将其他设备输出的数字型 BCD 码量输入计算机系统接口设备。

一个 BCD 码输入量一般要占用 16 位数字量输入通道。

6. 数字输入事件顺序记录量 SOE（Sequence of Event）。指将数字输入状态量定义成事件信息量，要求计算机系统接口设备记录输入量的状态变化及其变化发生的准确时间，一般应能满足 5 ms 分辨率要求。

7. 数字输出量。指计算机系统接口设备输出的监视或控制的数字量，为了安全和可靠，在水电站的控制中，数字输出量一般是经过继电器隔离的。

8. 外部数据报文。以异步或同步报文形式通过串行接口与计算机系统进行交换的水电站生产过程或外部系统的数据信息。

（二）水电站信息源分析

1. 水电站信息源

水电站信息源的分类可以按照设备分布位置、设备对象或控制系统结构划分。下面以按设备对象划分方式对水电站信息源做一简要介绍。

（1）来自发电机、电动机的信息：定子绕组及铁芯温度、推力轴承和导轴承温度、轴承油温、空气冷却器进出口的水和空气温度、轴承油位、轴承油混水、轴振动、推力轴承高压油系统、机组消防系统、机组制动系统、冷却系统及继电保护系统等。

（2）来自发电机励磁设备的信息：励磁主回路测量、励磁设备监视、励磁设备保护等。

（3）来自发电机机端和中性点设备的信息：机组电气测量和机组运行监视信息。

（4）来自变压器的信息：主变压器电气测量、变压器绕组温度、变压器油温、变压器冷却系统、变压器抽头位置、变压器中性点接地等。

（5）来自水轮发电机组/变压器、断路器和开关的信息：主断路器位置、隔离开关位置、接地开关位置、SF_6 全封闭组合电器、GIS（Gas Insulated Switchgear，气体绝缘组合电器设备）气压监视、断路器操作设备监视、隔离开关操作设备监视等。

（6）来自水轮机信息：导轴承温度、导轴承油温、导轴承油位、轴密封水流、轴冷却水流、轴空气围带气压、轴振动、轴承油混水、导叶剪断销、导叶/喷嘴位置、锁定位置，桨叶位置、蜗壳水压、尾水管压力、尾水管水位、水轮机润滑系统等。

（7）来自调速器的信息：机组转速开关、过速保护、机组蠕动、机组转速测量、开度限制位置、导叶开度、开/停电磁阀位置、功率设定反馈、压油罐油压、压油罐油位、调速器运行方式、调速器设备监视等。

（8）来自引水系统设备的信息：进水口闸门位置、进水阀位置、压力管道压力、平压阀门位置、尾水门位置、上下游水位、引水管流量、引水系统控制设备控制信息等。

（9）来自厂用交直流电源设备的信息：高压厂用电变压器电气测量和监视、高压厂用断路器位置、高压厂用母线测量和监视、高压厂用电源备自投监视、低压厂用电源备自投监视、厂用直流系统监视等。

（10）来自全厂公用设备的信息：高压空压机系统监视、低压空压机系统监视、渗漏排水系统监视、检修排水系统监视、技术供水系统监视等。

（11）来自开关站设备的信息：母线和线路电气测量、断路器位置、隔离开关位置、接地开关位置、GIS 气压监视、断路器操作设备监视、隔离开关操作设备监视、开关站继电保护设备启动和监视等。

（12）来自外部系统的信息：消防系统监视、上下游水文参数、泄洪设备状态及泄洪流量、上级调度系统的调度计划等。

（13）计算机控制系统提供的输出信息，主要是过程设备需要的控制信息。

2. 水电站信息的数据特征

根据水电站信息的数据特征可做以下分类：

模拟输入量可分成电气模拟输入量和非电气模拟量两大类。

电气模拟输入量，包括电压、电流、功率、频率的变换量。这类模拟量的主要特征是变化快，对其测量应具有较快的响应速度。在运行管理中电气模拟量是直接的目标值，要求监测响应快，测量值准确，记录项详细。

非电气模拟输入量，包括温度、流量、压力、液位、振动、位移、气隙等。非电气模拟输入量可经各类变换器转换成电气输入模拟量。这类非电气输入模拟量在水电站生产过程中大多变化较缓慢，大部分是作为运行过程中设备的状况监视，一般在运行监视中按变换范围设定报警限值。这样，对它们的测量响应大多不要求很快，测量精度也不必太高，记录项也可详可简。

数字输入量按水电站应用需求及其信息特征可以分为五种类型，即数字状态点类型、数字报警点类型、事件顺序记录（SOE）点类型、脉冲累加点类型和 BCD 码类型，前三种类型共同之处是数字量均为设备的状态量，不同之处是在对信息和记录的处理要求上具有差别。其中，数字状态点为操作记录类型；数字报警点为故障报警记录类型，除状态变化记录外，还应有音响报警；SOE 点为事件顺序记录类型，除状态变化记录外，还应包含分辨率项目和事故音响报警；脉冲累加点类型记录一位数字脉冲，按定时或请求方式冻结累加量并产生报文数据信息；BCD 码类型取并行二进制数字量。

3. 水电站信息点数

水电站信息点数随各水电站具体情况而变化。机组台数越多，机组容量越大，线路回数越多，电压等级越高，其监测的信息数据就越多。随着计算机技术、信息技术的发展和管理水平的提高，水电站信息的数据量也在不断增加。

4. 水电站信息数据流

水电站计算机监控系统已广泛采用分层分布式结构，实现了数据库分布和功能分布，数据采集也相应地按分布式结构进行处理。对过程控制信息就地采集处理，供现地控制使用；而主控层则从现地控制层中采集或调用数据，并按分层分布数据库复制传送。

（三）传感器的分类及基本特性

1. 传感器分类

传感器的种类繁多，有多种分类方法。通常的分类方法有：

按被测量原理分类可分为位移、力、力矩、转速、振动、加速度、温度、流量、流速等传感器。

按测量原理分类可分为电阻、电容、电感、热电阻、超声波等传感器。

按输入、输出特性的线性与否分类可分为线性传感器和非线性传感器。

2. 传感器基本特性

传感器的特性有静态、动态之分，一般指输入、输出特性。下面介绍其静态特性的一般指标：

（1）灵敏度（Sensitivity）。灵敏度是指传感器在稳态下输出变化值与输入变化值之比。对线性传感器，灵敏度为一常数；对非线性传感器，灵敏度随输入量的变化而变化。

（2）分辨率（Resolution）。分辨率是指传感器能检测出被测信号的最小变化量。当被测量的变化小于分辨率时，传感器对输入量的变化没有任何反应。

（3）线性度（Linearity）。线性度是指传感器实际特性曲线与拟合曲线之间的最大偏差和传感器满量程输出的百分比。

（4）迟滞（Hysteresis）。迟滞是指传感器正向特性和反向特性的不一致程度。

（5）稳定性（Regulation）。稳定性包含稳定度（Stability）和环境影响量（Influence Quantity）两个方面。稳定度指的是检测仪器仪表在所有条件都恒定不变的情况下，在规定的时间内能维持其指示值不变的能力。

（四）水电站常用的非电量传感器和变送器

水电站常用的非电量传感器和变送器有如下几种类型：

1. 温度传感器和温度变送器

温度传感器和温度变送器被检测的部件和摩擦表面包括：水轮机导轴承，发电机推力轴承和上、下导轴承的轴瓦温度；发电机线圈和铁芯的温度；集油槽内的油温和空气冷却器前后的空气温度等。

温度传感器常用热电阻作为温度敏感元件，热电阻温度敏感元件是利用纯金属的电阻值随温度的不同而变化的特性进行测温的。

电阻温度传感器的电阻反映温度的变化，将电阻值变化变换成采集数据的方法有两种：一种是采用温度变送器将阻值转换成电气模拟量，然后再送入计算机监控系统的模拟量接口设备；另一种是采用专门的温度量接口设备直接与温度传感器连接。

另外，水电站也可以采用半导体温度传感器测量温度。

值得指出的是，在水电站的非电量数据中，温度量比较多，对水电站生产运行的监控也非常重要。但是变送器和接口设备的开销大，为了节省开销，应该控制测点数量。

2. 压力传感器和压力变送器

水电站的油、气、水系统中，压力的监控测量需要采用压力传感器或压力变送器。按照物理介质、压力的大小和供电电源可选用不同类型的压力变送器。现在水电站中使用的压力变送器有电容式、电子陶瓷元件、电感式和振弦式等类型，其选型应考虑的技术条件包括型号、压力类型、防爆标准、连接件、连接件结构、工作电源、电气输出、精度、量程范围等。

3. 液位传感器和液位变送器

对水电站的上下游水位、拦污栅堵塞、深井水位和油槽液位等非电气量的数据采集通常采用液位传感器或液位变送器。根据量程变化的范围、精度要求和安装维护条件可选用不同类型的传感器或变送器。包括浮子-码盘变送器、压力式液位变送器、电容式液位变送器、超声波液位变送器和吹气式水位计等。

4. 流量传感器和流量变送器

目前，在水电站计算机监控系统中，对流量监控数据的采集比较少。主要原因是达到高精度要求的流量设备需要较高的开销，一般只是为了短期测试配置了少部分高精度流量测试设备。随着流量测量设备和技术的发展，流量数据的采集和应用将逐步发挥其作用。

目前，对于水轮机的流量监控主要是采用超声波流量计。超声波流量计由多个声道换能器和微处理器组成。常规设置的蜗壳压差流量计，因其精度低而不适于引入计算机监控系统，只能做一般监视。对于冷却水流或润滑油水流需要流量监测和控制时，则可选用流量变送器或差压变送器。

5. 液流信号器

用于对管道内的流体流通情况进行自动监视，当管道内流量很小或中断时，可自动发出信号，投入备用水源或作用于停机。主要用于发电机冷却水、水轮机导轴承润滑水及其他冷却水的监视。

目前，用得比较多的是冲击式示流信号器。其工作原理是：有水流时，借助水流的冲击，将浮子及磁钢推动上升到一定位置，使水银开关的常闭接点断开；如果水流减少到一定程度或中断，则浮子及磁钢下降，使水银开关接点闭合，从而发出断流信号。

6. 转速信号器

水轮发电机组转速测量对于水电机组状态检测和控制是十分重要的，其测量精度及其可靠性直接关系到水轮机调节的性能和水电机组运行的安全性。转速信号器是用于测量反映机组运行状态的一个重要参数转速，并能够在机组转速到达所设置的转速值发出相应的信号，用于对机组进行自动操作和保护。

转速信号器分电气转速信号器和机械转速信号器两种。一般按不同转速值提取触点数字信号供监视操作和保护使用。电气型转速信号装置可以提供转速的模拟信号，采用脉冲信号的方式对转速进行测量，已替代了永磁机测速。这种装置可设置多个可调的电气转速开关信号，用于对机组的自动控制，还能实现转速模拟信号输出。

7. 振动摆度传感器

水轮发电机组上下部位的振动和主轴摆度的监测已越来越受到重视，并逐渐发展成为在线监测系统，而且多数已将振动和摆度的报警信息引入了数据采集和机组控制系统。但目前振动和摆度的模拟值仅做单独监视，尚未引入计算机监控系统。

监测振动和摆度的传感器类型有振动传感器、速度传感器、加速传感器和电涡流传感器等。

8. 位移传感器

水轮机导水叶开度、桨叶开度和接力器行程可以采用位移传感器取得模拟量信号，位移传感器有电涡流传感器、伺服电动机、耐磨电位器等类型。

9. 剪断销信号器

水轮机调速器通过主接力器及传动机构来操作导叶，当其中某（几）扇导叶被卡时，用于该导叶传动的剪断销被剪断，从而不致影响处于联动情况的其他导叶的关闭。

剪断销信号器用于反映水轮机导叶连杆的剪断销事故：在正常停机过程中，如果有导叶被卡，剪断销被剪断则发出报警信号。在事故停机过程中，如果发生剪断销被剪断，则除发出报警信号外，还应作用紧急停机。

剪断销信号器通常采用脆性材料为壳体，壳内采用印刷电路，然后用环氧树脂封装。

二、模拟量输入输出通道

（一）模拟量输入通道

模拟量输入通道一般由传感器、信号处理、多路转换开关、放大器、采样/保持器以及 A/D 转换器等环节组成。由 CPU 发出控制命令向通道中各部件发送控制信号，如向多路开关发送通道选通信号、控制放大器的增益、选择采样/保持器处在"采样"或"保持"状态以及启动 A/D 转换器进行转换等。

1. 模拟量输入通道的一般结构

模拟量输入通道一般由信号处理、多路转换开关、放大器、采样保持器和 A/D 转换器等组成。

其中，信号处理根据需要可包括信号放大、信号滤波、信号衰减、阻抗匹配、电平变换、非线性补偿、电流/电压转换等功能。

放大器是用来把传感器送来的信号从毫伏电平按比例地放大到典型的模/数转换器输入电平（如满刻度为 10 V），可选用一个具有适当闭环增益的运算放大器。如果各信号源的信号幅值相差悬殊，可采用增益可控的可编程序放大器，它的闭环增益由计算机控制。

控制部分是接受 CPU 的命令向通道中各部件发送控制信号的控制接口。其作用是向多路转换器发送通道选通控制信号，控制放大器的增益，使采样保持器能处在"采样"或"保持"工作状态，启动 A/D 转换器进行转换等。

2. 模拟量输入通道的三种结构形式

根据应用要求的不同，模拟量输入通道可以有不同的结构形式。

（1）一个输入通道设置一个 A/D 转换器的结构。A/D 转换器是将模拟量转换成数字量的装置，也是模拟量输入通道的关键部件。当被测信号变化较快时，往往要求通道比较灵敏，但是，模/数转换过程需要一定的时间才能完成，转换过程结束后所得的数字量不再是对应于发出转换命令发出时所要转换的数据电平，因而会带来一定的转换误差。图中的采样保持器就是用来对变化的模拟信号进行快速采样，并在转换过程中保持该信号，以减少转换过程所造成的误差。

这种结构形式在每一个通道上都有独自的采样保持器和 A/D 转换器，允许各个通道能同时工作。其特点是速度快、工作可靠，即使某一个通路有故障，也不会影响其他通路的工作。其缺陷是如果通道的数量很多，要使用较多的采样保持器和 A/D 转换器，使成本较高。

（2）多个输入通道共享一个 A/D 转换器的结构。这种结构因为共用一个 A/D 转换器，每路的转换只能顺序进行，显然工作速度较慢，可靠性也不高，但可节省硬件设备。由于采用多个采样保持器，捕捉时间可以忽略。

（3）多个输入通道共享采样保持器和 A/D 转换器的结构。这种结构形式较以上两种多通道形式的速度更慢，可靠性也较差，但更节省硬件设备。由于采用了公用的采样保持器，因此在启动 A/D 转换前，必须考虑采样保持器的捕捉时间，只有当保持电容器的充放电过程结束后才允许启动 A/D 转换电路。

（二）模拟量输出通道

在计算机监控系统中，很多控制对象需要用模拟量控制，因此必须将计算机输出的数字量转换成电压或电流相应的模拟量。模拟量输出通道主要由 D/A 转换器和采样/保持器组成，用来控制执行机构以驱动电机、模拟记录仪等设备。多路模拟量输出通道的结构形式主要取决于输出保持器的结构形式。根据保持器有数字保持和模拟保持两种方案，模拟量输出通道有两种基本结构形式。

1. 一个输出通道设置一个 D/A 转换器的结构。微处理器和通路之间通过独立的接口缓冲器传送信息，这是一种数字保持的方案。其中，D/A 转换器是把数字量转换成模拟量的装置。这种结构通常用于混合计算、测试自动化和模拟量显示。其特点是速度快、精度高、工作可靠，可省去保持器，各个通道相互独立，可做到互不影响。但随着输出通道的增多，使用的 D/A 转换器较多。

2. 多个通道共用一个 D/A 转换器的结构。由于共用一个 D/A 转换器，故必须在微机控制下分时工作，即 D/A 转换器依次把微机输出的数字量转换成模拟电压（或电流），通过多路模拟开关传送给各路输出采样保持器。其特点是节省 D/A 转换器，但因分时工作，只适用于通道数量多且速度要求不高的场合；缺陷是可靠性较差。

三、数字量输入输出通道

（一）数字量输入通道

数字量输入通道把水电生产过程中的多个开关信息以数字量形式输入计算机中。尽管生产过程中的开关量元件有多种形式，但其状态都可以用二进制数字"0"或"1"来表示，如阀门的闭合和开放、电机的启停、继电器的接通和断开等。

由于计算机只能接受电平为 0~5 V 范围的开关信号和数字信号，数字量输入通道主要由二进制转换电路和 I/O 接口电路构成。二进制转换电路的作用是将生产现场的二进制数据转换成 TTL 电平信号，通过 I/O 接口电路传送到计算机。

数字量输入通道按输入方式有三种基本结构形式。

1. 直接输入。当输入的数字量不多时（如不多于 8 个）可以用简单接口电路实现。

2. 分组输入。当输入数字量较多时，可采用分组输入的办法，各组数字量由译码信号来选通。例如，输入的数字量有 24 个，可分为 3 组，每组 8 个，各组数字量分时输入。

3. 矩阵输入。当输入数字量很多时，采用矩阵输入。

（二）数字量输出通道

数字量的输出实际上就是给生产过程的一些控制机构送出控制信号，以便执行所需要的控制操作。例如，对高压油开关、继电器、接触器、电磁阀门、信号灯的通与断的控制。

CPU 可以通过 I/O 接口电路直接对执行机构进行控制，也可以通过半导体开关的动作或机械式继电器接点的启闭去控制。例如，半导体开关可用于高速切换中、小功率的负荷；而继电器式开关在较低的切换速度下，可以控制功率较大的负荷。

开关量的输出通道随着控制系统的不同而不同，有时差别很大，但对开关量输出通道的基本要求是相同的。一般来说，应满足现场被控制对象的信号要求、抗电磁干扰要求。

数字量输出通道的关键是解决执行机构的功率驱动问题，以获得必要的电流、电压和功率。数字量输出驱动电路很多，常用的有功率开关驱动电路、集成驱动芯片、功率型光电耦合器及固态继电器，以及大、中、小功率晶体管、可控硅等。

四、数据采集及处理

数据采集及处理是计算机在水电生产过程中应用的基础。为了实现对生产过程的自动控制，计算机控制系统要对生产过程中的大量数据进行巡回检测、转换、记录、分析、判断等，然后按一定的控制算法对原始数据加以处理，输出控制量以驱动执行机构，达到控制的目的，或作为指导生产过程中人工操作的信息。

（一）数据采集系统的功能和结构

按这类系统功能的要求，在硬件系统方面，计算机与生产过程之间通过模拟量输入通道和数字量输入通道来联系；在软件系统方面，应有控制数据的输入程序以及与功能要求相适应的数据处理和显示程序。

1. 数据采集系统的基本功能

数据采集系统主要完成以下几个方面的功能：

（1）对多个输入通道输入的生产现场信息能够按顺序逐个巡回检测，或按指定要求对某一个通道进行有选择的检测。

（2）在系统内部能存储采集的数据。

（3）能够定时或随时以表格或图形的形式打印采集到的数据。

（4）当采集到的数据超出规定的上限值或下限值时，系统能够发出声光报警信号，提示操作人员处理。

（5）能够对所采集的数据进行检查和处理，例如越限检查、数字滤波、线性化、数字量/模拟量转换等。

（6）系统在运行过程中，可随时接受由键盘输入的命令，以达到随时选择采集、显示、打印的目的。

（7）具有实时时钟，一是保证系统定时中断、确定采集数据的周期；二是能为采集数据的显示打印提供当前的时、分、秒时间值，作为操作人员对采集结果分析的时间参考。

2. 数据采集系统的结构

作为实现检测和控制技术的工具，数据采集系统已经成为计算机监控系统的一个必不可少的组成部分。开关量和数字量的采集比较简单，故本节讨论模拟量输入数据采集系统。

模拟量输入数据采集系统有单通道数据采集系统、多通道同步数据采集系统等，硬件结构如前所述。数据采集系统的控制方式有如下五种：

（1）软件延时定时控制。如 A/D 转换时间确定，就可通过插入 NOP 指令或调用延时子程序实现数据采集的定时。该方法简单，但要占去 CPU 的全部时间。

（2）硬件定时、软件查询。用硬件定时器分频产生定时信号控制触发器，在主程序中定时查询该触发器输出标志，定时时间到，便采集处理数据，但这种控制方式不能及时响应。

（3）多中断控制方式。利用单片机内的定时器 T0、T1 产生定时采样信号，采用中断方式输入 A/D 转换结果。定时时间到，转入中断服务程序。在中断服务程序中，控制采样保持器把模拟输入信号保持下来，启动 A/D 转换，然后返回主程序进行数据处理等。A/D 转换结束时，发出中断请求信号，CPU 响应中断，转向 A/D 中断服务程序读取转换结果。然后更换通道信号，启动 A/D 转换下一路信号。返回主程序，当 n 路信号全部采样一次后，便开始下一个采样周期。

（4）单中断控制方式。这种方式响应定时中断后，就一直工作在中断服务程序中，直至各路信号均采集一遍才返回主程序。在每次启动 A/D 转换后，便插入原主程序要进行的数据处理，使处理时间稍大于 A/D 转换时间。

（5）DMA 控制方式。启动 A/D、读取转换结果、存入存储单元和进行下一次启动等一系列操作，这个过程所需要的时间已远超过高速 A/D 转换器的转换时间。用单片机控制 A/D 转换，这就使高速 A/D 转换器失去高速的意义。因此，就需要用硬件操作代替 CPU 的软件操作，能实现这种功能的硬件即 DMA 控制器。在高速数据采集系统中，往往采用 DMA 控制器，但这种控制方式较复杂且成本较高。

（二）数据采集系统的数据处理

在水电站计算机监控系统中，将 A/D 转换后的数据输入计算机后，还须根据需要进行相应的加工处理，如数字滤波、标度变换、非线性补偿及上下限检查等，才可以进行显示、计算及输出控制。下面给出数字滤波、标度变换、数字 PID 算法等的程序范例。

1. 数字滤波程序

在计算机监控系统中，为了减少干扰对测量信号的影响，提高系统的可靠性，在硬件上可接入一个 RC 低通滤波器来抑制工频及以上频率的干扰，但对于频率很低的干扰却难以达到抑制的目的，因此在软件上常常需要采用数字滤波的方法。

数字滤波是指通过一定的计算程序，对采样数据进行平滑加工，用于消除干扰或减少干扰在有用信号中所占的比例，以保证计算机监控系统的可靠性。它无须增加任何硬件设备，只占用计算机执行数字滤波程序的时间，目前在计算机监控系统中得到广泛的应用。

2. 标度变换程序

标度变换提供不同量纲之间的转换，根据被测参数的特点，有线性和非线性两种。

3. 数字 PID 算法程序

PID 调节器的输出是输入的比例、积分、微分的函数。由于 PID 控制应用广、技术成熟、控制结构简单、参数易调整，因此无论是模拟调节器还是数字调节器大多采用 PID 调节规律。

第三节　水电站视频监控技术

一、小型水电站视频监控系统的设计

（一）小型水电站视频监控系统的特点

1. 环境恶劣

水电站地处山区，易遭受雷电袭击，所以防雷击是水电站的视频监控系统建设的一个主要设计内容。室内的视频采集点相对来说受雷击的影响比较小，可以不考虑。室外采集点一般布置的位置在建筑物屋顶或竖立电线杆上。采用竖立电线杆在杆顶位置安装的视频采集点必须在杆顶设立避雷针，并且良好接地，其接地电阻应符合相关指标。安装在建筑物屋顶位置的视频采集点一定要处在防雷设置的保护之下，一般是要符合在最近位置布置的避雷针顶至地面 45°范围之内的要求，但离该避雷针最近距离要超过 60 cm。传输线路通过采用地埋敷设、金属管屏蔽、屏蔽线及屏蔽线接地等方式来防雷击。

另外，水电站附近湿度大，视频采集点需要选择密封性能良好的防护罩和相应的解码器设备，视频头焊接可靠。水电站厂房或开关站附近电磁干扰比较严重，应该选用屏蔽性能好的通信电缆。

2. 监控点分散

水利枢纽由水电站厂房、开关站、水库库区、大坝以及泄洪闸等水工建筑物组成。很多水电站根据其地理位置一般采用梯级开发方式，相应各级水电站之间可能距离较远，对水电站运行管理来说，各级水电站一般采用统一调度管理的方式，而对水电站的视频监控来说，也要将其作为一个整体系统来考虑。传统模拟传输线路由于受到传输距离的限制，分散的监控点不可能采用同轴视频电缆来传输，采用数字视频传输方式能解决这个问题。

3. 联动报警

水电站视频监控系统的重要任务之一就是实时监控水轮发电机组的运行情况，通过设置相应的故障位置报警传感器，该传感器根据水轮发电机组的运行工况触发报警装置。可使用预设报警联动启动视频录像，切换到预置位，触发警铃方式等。同时，还可以设置水位联动、温度联动等水电站特有的报警要求。

4. 夜视功能

水库的水位对水利枢纽来说是一个非常重要的参数，特别是在每年的汛期需要 24 h 直观地监视。所以，一般水库水位点的监视需要有夜视功能。另外，开关站也有夜视要求。

实现夜视功能有两种方式：红外灯配合红外感应摄像机和设置探照灯配合低照度摄像机。

红外灯配合红外感应摄像机的方式能耗少，视野宽，是一种比较经济实用的方式。一般红外灯可以装在室外防护罩上，可以跟随镜头进行同步移动。红外灯一般不会产生可见光，没有光污染，隐蔽性比较好，同时红外灯都具备光敏功能，根据光照度自动启闭。缺陷是红外灯照射距离相对较短。

探照灯配合低照度摄像机方式，探照灯位置固定，功率较大，需要解码器提供探照灯开关功能。根据需要配置适当功率的探照灯可以获得满意的固定位置夜视功能，缺陷是能耗大，发热量大，需要合理布置灯与摄像机的位置。

（二）小型水电站视频监控系统的设计模式

1. 数字硬盘模式

数字硬盘模式属于第二代视频监控系统，采用模拟采集与传输和数字存储的方式。数字硬盘录像机（DVR）是 20 世纪 90 年代迅速发展的第二代监控系统，采用计算机和 Win-dows 平台，在计算机中安装视频压缩卡和相应的 DVR 软件，不同型号视频卡可连接 1/2/4 路视频，实现每路 25 帧刷新频率，支持实时视频和音频，适合传统监控系统的改造以及各视频采集点相对集中的新建的监控系统。

数字硬盘模式的特点是存储成本低，图像回放简便。其实现方式有两种，第一种是采用工业用工控机插卡的方式，具备工业用计算机可靠稳定的特点，应用视频卡完成模拟视频信号的压缩，采用微机和 Windows 平台实现视频的存储、控制、监视等。水电站一般使用这种工控方式的数字硬盘录像机。第二种是采用嵌入式数字硬盘方式，基于 Linux 等实时操作系统，内置多个硬盘，自动完成视频采集、压缩、存储等功能，提供输入、输出端口供控制操作。这种方式主要使用在需要长时间录像并且人为控制较少的场合，如大坝、厂区、主要通道等以固定摄像头为主的场合，主要用作事故追忆使用。

2. 网络视频模式

网络视频模式是第三代视频监控系统，采用以太网作为视频以及控制信号的传输介质，达到远距离监控的目的，一般采用的方式有两种：网络硬盘录像机系统和网络视频系统。

（1）网络硬盘录像机系统

网络硬盘录像机系统根据各个视频采集点的位置，以有线视频电缆传输范围划分若干个区域建立视频中继点，每个视频采集点就近接入视频中继点，每个中继点之间以及与监控中心点之间选择合适的传输通道建立以太网。各个视频采集点通过摄像机采集的视频信号通过视频电缆传输到视频中继点的网络硬盘录像机，通过压缩保存在网络硬盘录像机上。监控中心点的监控主机通过网络方式访问并管理每个网络硬盘录像机。基于网络的各台微机通过权限设置可以无缝访问各台网络硬盘录像机，每个视频采集点在物理上分属各个网络硬盘录像机，但通过监控中心点监控主机的管理，在逻辑上可看成一个独立的视频采集点。对于 PTZ 功能的视频采集点，其控制信号由监控主机发出，通过网络传送到对应的网络硬盘录像机，解码后通过控制电缆传送至对应视频采集点的 PTZ 设备，经 PTZ 设备解码后产生动作实现远程控制的功能。

一般对于梯级水电站而言，规模较大的水电站根据视频采集点的分布，按 400 m 半径范围设立一个视频中继点；规模较小的一般设立一个视频中继点。

对于独立运行的水电站，根据视频采集点及其相应水工建筑物的分布，可设立多个视频中继点。

（2）网络视频系统

网络视频系统通过以太网传输方式延长传统模拟视频传输系统的距离，达到大范围远程监控的目的。网络视频系统可根据监控系统的物理位置，建立局域网络系统。各视频采集点的模拟信号和控制信号通过视频服务器就近接入以太网络。视频模拟信号和控制信号通过视频服务器以 IP 包的形式在网络传输，模拟信号需要经过视频压缩编码，几种主要的视频压缩标准有 MJPEG、MPEG-1、MPEG-2、MPEG-4 等。目前，较常见的视频服务器采用的编码方式主要是 MPEG-4 和 MJPEG。MPEG-4 有占用网络带宽少的优点，适宜于网络带宽比较紧张的情况。MJPEG 的优点是画质比较清晰，图像流的单元是一帧一帧的 JPEG 图片，能满足高质量抓图的效果，适合于对图像质量要求高并能提供充足带宽资源的情况。

网络视频系统有两种实现方式：第一种方式是采用传统的前端采集设备，通过视频服务器接入网络；第二种方式是采用网络摄像机直接接入网络。在网络中架设一台高性能的服务器充当网络视频监控服务器，完成数字视频存储、前端 IP 设备的管理、用户操作权限、系统实施策略等。网络中的各工作站通过用户权限认证后能对各视频监控点进行实时监控。

（3）混合模式

混合模式就是采用数字硬盘录像模式，对超过模拟传输距离的采集点采用视频服务器进行编码后经以太网络传输到监控端，再解码还原为模拟信号后进入数字硬盘录像机。该种模式一般用于第二代视频系统的局部扩充。

（三）小型水电站视频监控系统的设计内容

1. 设计原则

根据国家有关标准及规范，水电站远程监控系统的总体设计原则是设备选型得当、系统配置灵活并预留升级空间、选择满足系统功能要求的主机、系统功能强大、操作方便，使设计的小型水电站视频监控系统具有实用性、灵活性、可靠性、先进性和经济性。

2. 技术要求

（1）摄像机：影像感应器，清晰度，信噪比，照度，制式。

（2）镜头：焦距范围，光圈。

（3）解码器：协议。

（4）云台：活动范围，电压。

（5）传输方式：数字，模拟。

（6）传输带：宽。

（7）系统主机：CPU，内存，硬盘，显示器。

（8）防护罩：恒温，密封。

（9）环境要求：适应水电生产环境。

3. 系统功能

（1）菜单操作。视频监视系统菜单显示采用中文菜单，运行人员可按菜单提示完成参数设报警显示、记录、功能检测、手动控制现场设备动作等。

（2）视频动态分布功能。根据监控视频路数确定主机的总资源，一般每路视频25帧/s（PAL）。可通过设定对重要操作图像进行帧数分配，以取得最佳的记录效果。可以 1～25 帧/s（PAL，可调）的速度进行数字压缩记录。

（3）多画面显示功能。视频监视系统采用计算机控制，采用画面分割技术，同一显示器能进行多画面显示，画面可以任意组合、放大和缩小，并能切换任一画面图像，监视器图像切换有自动循环和手动切换两种方式。视频监视系统提供云台镜头的操作控制功能。

（4）图像字符叠加功能。每幅画面能叠加字符，显示摄像机编号、地址、日期、时钟（精确到秒）。字符内容可以通过微机键盘实时修改。

（5）捕获静态画面。用户随时可以从正在录像或播放的图像中捕获静态画面，以标准的 BMP 格式文件存放于硬盘上或打印出来。

（6）视频报警功能。可在微机显示器上设置敏感区域，敏感区内一旦有异常即发生报警，系统应能自动将相应区域摄像头的画面切换到显示器上，供值班人员了解现场情况。此时能自动启动录像功能，随时查看报警时间并可打印，便于及时分析原因。视频报警功能的设置、撤销和修改可在微机控制器上方便地实现，视频报警功能有助于防止摄像机、云台、编码器等设备被盗。

（7）观察点预置功能。对于重要的位置，可在微机控制器上预置现场摄像头的位置、光圈、焦距、景深等参数，在需要查看该观察点时，通过输入预置号即可观察到预定位置。观察点预置功能的设置、撤销和修改可在微机控制器上方便地实现。

（8）视频联动功能。微机控制器在接收到水轮发电机组发来的事故信号后，系统应能自动将相应区域摄像头的画面切换到显示器上，供值班人员了解现场情况，此时能自动启动录像功能，随时查看报警时间并可打印，便于及时分析原因。视频联动功能的设置、撤销和修改可在微机控制器上方便地实现。

（9）可程序控制录像时间表，可自动循环录像。根据需要设定自动开启系统录像和自动关闭录像的时间，可设多个录像的时间段。当硬盘空间存满时可从头开始覆盖，循环录制。

（10）计算机通信功能。微机控制器备有计算机通信口，以进行远方计算机联网，以便控制摄像头、云台动作、画面的投切。在网络范围内实现视频系统共享服务，在远端计算机上通过权限认证就可以进行实时监控。

（11）可通过局域网进行远程监控。基于 Windows 平台开发的软件提供了强大的网络功能，可通过双绞线或光纤等传输媒介以 DDN、Internet、LAN 等多种方式连接数字硬盘录像主机，并可实时监视、录像，控制云台镜头，可以设定远端摄像头的制式，设置远端图像的尺寸等参数。

（12）储存、回放、剪辑处理方便。硬盘数字录像系统能方便地储存录制的图像，并能复制存档保存。播放已录制的图像，除能模拟传统的录像机功能外，还可以按指定时间直接搜索并回放图像。可选择文件回放，并可调节播放速度（1/20～10倍）或逐帧放像，播放中也可对图像进行剪辑处理。

（13）可靠性及扩展性。视频监视系统能在水电站环境中可靠运行，不易受强电磁场和各类电磁噪声的干扰。图像监视系统能连续工作和防雷击。所有的防护壳体及电路板经过防潮处理，适应各种恶劣环境。系统采用模块化设计，便于以后扩展，软件应能不断升级。

（14）自诊断功能。视频监视系统具有自诊断功能，在有故障时能发出声、光报警信号，及时通知有关人员。

二、水电站视频监控系统的运行与维护

（一）水电站视频监控系统的运行

1. 视频存储策略的设置

视频监控系统一般24 h全天候运行，如果将全部录像存储的话，不仅浪费系统资源，而且也没有必要，可以通过系统存储策略进行存储计划设计。比如，针对室外摄像点可以采取白天存储，针对不同季节设置不同的存储时段。

2. 防雷的措施

平时应定期检查室外视频设备的运行工况和接地情况。尽管设置了各种防雷措施，但还是应该在雷雨期间尽可能关闭系统，切断前端摄像设备的电源。

3. 监控视角的及时复位

系统中每个视频采集点都应有一个主要的监控视角，在监控角度改变后，能随时复位。如水电站内的水轮发电机组视频采集点，其主要作用就是监控水轮发电机组的运行工况。通过移动云台和调节可变镜头到最佳位置（主视角）达到监控该机组的目的，平时可能还需要监控水轮发电机组的辅助设备等，一旦结束其他位置的监控后一定要能回到该采集点的主视角位置。

4. 系统安全措施

在视频监控系统中设置用户权限分配，每个用户根据岗位设置不同的操作权限并保管好各自的口令，按照自己的用户和口令登录系统进行工作，防止人为地恶意破坏。

（二）水电站视频监控系统的维护

1. 系统存储空间的维护

水电站的视频监控系统一般 24 h 全天候运行，其视频信息的存储量非常大。除了通过在系统中设置视频存储策略以降低存储量外，还应定期检查硬盘存储空间，把需要的历史视频信息转存到其他外设，及时删除不需要的信息，保持合适的硬盘剩余空间，以提高系统的性能。

2. 前端采集点的定期维护

由于水电站监控都需要配置全方位云台控制，在云台之上的采集设备平时都处于运动状态，需要定期检查其稳定性。对室外采集点而言，应定期打开室外防护罩检查摄像设备，虽然室外防护罩已考虑了防雨、恒温保护控制，但还是需要检查其内部的水汽情况以防设备短路和加速老化。对解码器也应定期检查其安装位置以及内部水汽情况。

3. 防雷设施的定期检查

水电站地处山区，易受雷电的袭击，对各种防避雷设施要定期检查。对于架空线缆，除了两端安装防雷设施外，线缆屏蔽端应平衡接地。视频线路和控制信号线路也应定期检查。

第四节　水电站计算机监控系统的通信网络技术

一、水电站计算机监控系统的通信与协议

（一）水电站计算机监控系统的通信

根据水电站计算机监控系统的组成结构及设备的配置不同，水电站计算机监控系统的通信方式也不同，常用的主要有串行通信方式、现场总线通信方式、商用或工业以太网通信方式等。

1. 串行通信

RS-232C、RS-485 接口是水电站计算机监控系统广泛使用的两种串行通信接口。通过 RS-232C 接口将通信信道两侧的设备连接起来，只能是点对点的传输方式，数据传输时为全双工，通过软硬件来实现计算机的连接。RS-232C 接口最大传输速度为 19 200 bit/s，但在实际应用中经常会超出这个速度。RS-232C 接口的最大传输距离为 15 m，为增大

通信距离，大部分系统都是在各通信端口加一台调制解调器（Modem）进行长距离通信，但 Modem 的价格较贵，加入后使系统需维护的设备也增多，而采用一种兼容于 RS-232C 接口的 20 mA 电流环做通信信道，在较强的工业干扰条件下，以 9 600 bit/s 进行通信，可以使距离延长到 1.6 km。

具有 RS-485 通信接口的设备可以联成网络。根据 RS-485 接口驱动芯片驱动能力的不同，一个 RS-485 接口数据发送设备可以驱动 32~256 台 RS-485 接口的数据接收设备。RS-485 接口支持多点连接，能够创建多达 32 个节点的网络，传输距离达 1 200 m，每增加一个中间转发器，就可以将传输距离增加 1 200 m，并增加 32 个节点。RS-485 接口属于半双工通信，传输速度达 10 Mbit/s，在发送和接收数据的计算机之间只要两根电线就能传输数据。

在水电站计算机监控系统中，现地控制单元中的可编程控制器（PLC），智能交流电参数测量仪、温度巡检仪等设备均具有 RS-232C 或 RS-485 接口，水电站的一些附属设备如微机调速器、微机励磁调节器等也都带有串行通信接口。

目前，广泛采用的水电站计算机监控系统的结构为分层分布式结构，整个控制系统设置一台上位机、若干个现地控制单元（LCU）组成。在通常情况下，上位机只具有两个 RS-232C 通信接口，而现地控制单元（LCU）两个以上，且每个现地控制单元（LCU）中的 RS-232C 或 RS-485 接口也具有数个，所以现地控制单元（LCU）中的串行通信接口的总数较多。

由于 RS-232C 通信接口只能进行点对点通信，所以必须在上位机上增加一块 RS-232C 智能通信接口卡以扩展 RS-232C 通信接口，这样就能保证上位机与现地控制单元（LCU）中的 RS-232C 通信接口能够一一对应，实现 RS-232C 接口的点对点通信。

对于只具有 RS-232C 串行接口的设备，可以使用通信接口转换器，将 RS-232C 串行通信接口转换为 RS-485 通信接口。

2. 现场总线

计算机技术、通信技术和计算机网络技术的发展，推动着工业自动化系统体系结构的变革，模拟和数字混合的集散控制系统逐渐发展为全数字系统，形成了工业控制系统用的现场总线。按国际电工委员会 IEC 61158 标准定义：现场总线是连接智能现场设备和自动化系统的数字式、双向传播、多分支结构的通信网络。通俗地说，现场总线控制系统（Field Control System，简称 FCS）将构成自动化传统系统的各种传感器、执行器及控制器，这些器件通过现场控制网络联系起来，通过网络上的信息传输完成传统系统中需要硬件连接才能传递的信号，并完成各设备的协调，实现自动化控制。

现场总线是一个开放式的互联网络，既可以与同层网络互联，也可以与不同层的网络互联。在现场设备中，以微处理器为核心的现场智能设备能够方便地进行设备互联、互操作。

目前，较流行的现场总线主要有以下几种：Profibus（Process Fieldbus）、CAN（Control Area Network）、HART（Highway Addressable Remote Transducer）、LonWorks（Local Operation Network）和 FF（Foundation Field bus）。现场总线可以得到更高的通信速度（如 CAN 的传输速率为 5 Mbit/s，PROFIBUS 的传输速率可以高达 12 Mbit/s），但价格相对昂贵。

3. 以太网

以太网是 IEEE 802.3 所支持的局域网标准，最早由 Xerox 公司开发，后经数字仪器公司、Intel 公司和 Xerox 公司联合扩展，成为以太网标准。目前，在办公自动化领域、企业的管理网络中都得到广泛应用。由于它技术成熟，连接电缆和接口设备价格相对较低，带宽增长迅速，出现了千兆、万兆以太网。采用快速以太网设备可以满足现场设备对通信速度增加的要求。

以太网交换机以星形拓扑结构为其端口上的每个网络节点提供了独立带宽，使连接在同一个交换机上面的不同设备不存在资源争夺，相当于每个设备独占一个网段，使不同设备之间产生冲突的可能性大大降低，再加上采用五类线将接收、发送信号分开，使全双工交换式以太网成为确定性网络。

在水电站计算机监控系统中通常采用星形以太网络，现地控制单元中有时采用一台一体化工业控制计算机作为现地控制单元的前置机，现地控制单元与上位工控机的数据通信实际上就是现地控制单元中的前置机与上位工控机的通信。现地控制单元也可以不设前置机，通过串行通信接口/以太网络转换器方式直接构成局域网。局域网通常由服务器、工作站、网卡及其他的组网设备组成，在水电站计算机监控系统中，可以将中控室的工作站与服务器合二为一，作为监控系统的上位机。

RS-485 接口或 CAN 采用总线型拓扑结构，以太网则普遍使用集线器或交换机，拓扑结构为星形或分散星形。工业以太网使用的电缆有屏蔽双绞线（STP）、非屏蔽双绞线（UTP）等。10 Mbit/s 的传输速率对双绞线没有过高的要求，而在 100 Mbit/s 速率下，推荐使用五类或超五类线。

（二）水电站计算机监控系统的通信协议

水电站各智能仪表之间可通过 RS-232 和 RS-485 接口以及专用网卡进行通信，而POLLING 协议、MODBUS 协议、CDT 协议是应用较多的通信协议。POLLING 协议和 CDT协议在水电站调度系统中应用较多，而水电站内各智能设备之间的通信往往采用 MODBUS协议。

1. POLLING 协议

POLLING 协议适用于网络拓扑，是点对点、多个点对点、多点共线、多点环形或多点星形的远动系统，以及调度中心与一个或多个远动终端进行通信。信息传输为异步方式。在水电站中，POLLING 协议是一个以调度中心为主动的远动数据传输协议。RTU 只有在调度中心询问以后，才向调度中心发送回答信息。调度中心按照一定规则向各个 RTU 发出各种询问报文。RTU 按询问报文的要求以及 RTU 的实际状态，向调度中心回答各种报文。调度中心也可以按需要对 RTU 发出各种控制 RTU 运行状态的报文。RTU 正确接收调度中心的报文后，按要求输出控制信号，并向调度中心回答相应报文。

2. MODBUS 协议

MODBUS 协议是一种典型的 POLLING 协议，在一根通信线上使用 RS-485 应答式连接（半双工），这意味着在一根单独的通信线上信号沿着相反的两个方向传输。首先，主计算机的信号寻址到一台唯一的终端设备（从机）；然后，在相反的方向上终端设备发出的应答信号传输给主机。MODBUS 协议只允许在主计算机和终端设备之间的数据交换，而不允许独立的设备之间的数据交换，这就不会在使它们初始化时占据通信线路，而仅限于响应到达计算机的查询信号。

3. CDT 协议

CDT 协议适用于点对点通道结构的两点之间通信，信息的传递采用循环同步的方式。

CDT 协议是一个以厂站端 RTU 为主动的远动数据传输协议。

在调度中心与厂站端的远动通信中，RTU 周期性地按一定规则向调度中心传送遥测、遥信、数字量、事件记录等信息，调度中心则可向 RTU 传送遥控、遥调命令以及时钟对时等信息。CDT 协议采用可变帧长度、多路帧类别循环传送以及遥信变位优先传送的方式。遥测量分为主要、次要和一般三大类。更新的循环时间各不相同，重要遥测量最短，次要遥测量次之，一般遥测量允许较长的更新时间。CDT 协议区分循环量、随机量和插入量，这三种信息量采用不同的形式传送，以满足电网调度安全监控系统对远动信息的实时性和可靠性的要求。

二、可编程控制器网络通信

（一）上位连接系统

上位连接系统是一种自动化综合管理系统。上位机通过串行通信接口与可编程控制器的串行通信接口相连，对可编程控制器进行集中监视和管理，从而构成集中管理、分散控制的分布式多级控制系统。

在这个系统中，可编程控制器是直接控制级，它负责现场过程的检测与控制，同时接收上位机的信息和向上位计算机发送现场控制信息。上位计算机是协调管理级，它与下位直接控制级、上位机的人机界面和上级信息管理级进行信息交换。上位机是过程控制与信息管理的结合点和转换点，是信息管理与过程控制联系的桥梁。上位机与可编程控制器的通信一般采用 RS-232C 或 RS-485 接口。当用 RS-232C 通信接口时，一个上位计算机只能连接一台可编程序控制器；若连接多台可编程序控制器，则应加接 RS-232C 或 RS-485 转换装置。

上位机与可编程控制器的数据通信格式目前还没有统一的标准，不同厂商的可编程控制器都有各自的通信格式。通常，PLC 的通信程序由制造商编制好，并作为系统程序按控制和通信的要求提供。对于上位机中的通信软件，有的以通信驱动程序的形式提供，用户只要在上位机应用软件平台中调用即可完成与直接控制级的通信；有的则提供通信格式说明文件的形式，用户应根据它的内容编制相应的通信程序，并嵌入用户的应用软件平台。

上位机与信息管理计算机的通信一般采用局域网。上位机通过通信网卡与信息管理级的其他计算机进行信息交换。网络管理软件是应用软件，上位机只要在应用软件平台中调用它即可完成网络的数据通信。

（二）同位连接系统

同位连接系统是可编程控制器通过串行通信接口相互连接起来的系统。系统中的可编程控制器是并行运行的，并通过数据传递相互联系，以适应大规模控制要求。

在同位连接系统中，各个可编程控制器之间的通信一般采用 RS-485 接口或光缆接口。互联的可编程控制器最大允许数量随其类型不同而变化。系统所用的可编程控制器一般是同一厂商的同一系列的产品。系统内的每个可编程控制器都有一个唯一的系统识别单元号，号码从 0 开始按顺序设置。在各个可编程控制器内部都设置了一个公共数据区，用作通信数据的缓冲区。可编程控制器系统程序中的通信程序把公共数据区的发送区数据发送到通信接口上，并且把通信接口上接收到的数据放入公共数据区的接收区中。对用户来讲，这个过程是透明的、自动进行的，不需要用户应用程序干预。用户应用程序中只须编制把发送的数据送入公共数据区的发送区和从公共数据区的接收区读取接收数据的程序即可实现可编程控制器之间的相互信息传递，完成整个系统的数据通信。

（三）下位连接系统

下位连接系统是可编程控制器主机通过串行通信连接远程输入输出单元，实现远距离的分散检测与控制的系统。不同型号的可编程控制器可以连接的远程输入/输出单元的数量是不一样的，应该根据实际应用要求进行选择。系统中的主机和远程输入/输出单元是制造厂配套提供的。主机与远程输入/输出单元的连接主要有连接电缆或光缆，相应的通信接口是 RS-485 或光纤接口。当采用光纤系统传输数据时，可以实现数据通信的远距离、高速度和高可靠性。系统的连接形式一般为树形结构。

主机是系统的集中控制单元，它负责整个系统的数据通信、信息处理和协调各个远程输入/输出单元的操作；远程输入/输出单元是系统的分散控制单元，在主机的统一管理下，完成各自的输入/输出任务。远程输入/输出单元有两种类型：一种是非智能型的，它是主机扩展形式的远程输入/输出单元，它的输入/输出任务完全受主机控制；另一种是智能型的，它是主机终端形式的远程输入/输出单元，用户可以对它编写自己的应用程序，它的输入/输出任务受内部的用户程序和外部的主机信息的共同控制。

系统的通信控制程序由厂商编制，并安装在主机和远程输入/输出单元中。用户只要根据系统要求，设置远程输入/输出单元地址和编制用户的应用程序即可使系统运行。

由于远程输入/输出单元可以就近安装在被测和被控对象的附近，从而大大地缩短了输入输出信号的连接电缆。可见，下位连接系统特别适合于地理位置比较分散的控制系统。

三、水电站与电网调度的通信

水电站计算机监控系统的外部通信主要对象是与上级调度系统的远动通信。监控系统还可配置与水情测报系统、电厂管理系统、火灾报警系统、视频监控系统交流信息的接口与通道。根据电力调度自动化规范的要求，必须建立可靠的通信信道实时传输水电站的遥测、遥信、遥控、遥调的信息，保证安全、经济地运行，保证电力质量指标，防止和及时处理系统事故。

（一）有关外部通信的基本概念

最初，调度通信是通过调度电话实现的，上级调度用电话下达调度控制命令及了解水电站的运行情况。后来采用"RTU 远动方式"，即在水电站侧设置电网调度自动化系统的 RTU（Remote Terminal Unit），采用 CDT 或 POLLING 协议接收调度控制命令，并向上级调度传送各类水电站运行数据。自 20 世纪 90 年代以来，通过计算机在水电站监控系统，不少水电站监控系统已实现了与电网调度自动化系统的计算机通信，使得电网调度中心对水电站的调度控制更方便。

1. 远动术语

（1）远动。水电站远动是在水电站端的计算机监控系统与调度端的通信。即遵循特定的协议实现数据交换。调度可以是地调、梯调、省调、网调。

（2）主站。远动通信中的各级调度即是主站，主站从子站获得远动数据，向子站发出远控指令，对应于数据通信中的客户。

（3）子站。子站是远动通信中的水电站端（SCADA 系统），它向主站提供各类远动数据，接受主站下发的远控指令并执行，对应于数据通信中的服务器。

（4）上行信文。从子站发往主站的信息帧为上行信文，上行信文包括遥信帧、遥测帧、SOE 信息帧等。

（5）下行信文。从主站发往子站的信息帧为下行信文，主要包括遥控、遥调、应答等信息帧。

（6）遥信。远动通信数据的开关量，例如保护信号的动作/复归，断路器或隔离开关的分/合状态，通常用一个或两个二进制位表示。

（7）遥测。远动通信数据的模拟量，例如发电机的电压、电流、有功功率、无功功率、机组转速、温度、上游水位、下游水位、电网频率等，通常用二进制数、BCD 码、浮点数表示。

（8）遥控。主站对子站的控制操作，对应于开关量输出，例如开、停机的操作，跳、合闸的操作。

（9）遥调。主站对子站的调节操作，对应于模拟量输出，例如设置水轮发电机组有功、无功的操作。

（10）远动通信协议。协议（或者称规约）是数据通信双方实现信息交换的一组约定，它规定了数据交换的帧格式和传输规则。其中，传输规则是协议的核心内容，它确定了一个协议区别于其他协议的独特的工作方式。

2. 远动通信协议

远动通信是水电站通信的核心之一。通信协议的内容一般都包括同步方式、帧格式、数据结构和传输规则。

水电站远动通信协议按照通信接口可分为两大类：一类是基于串口通信方式的协议，又可分为 CDT 协议和 POLLING 协议两大类；另一类是基于网络通信方式的协议。

3. 通信模式

在实际应用中，由于接口方式和远动信道的多样性，因此，还有一对一模式、冗余模式、专用信道模式、复用信道模式等。

（二）水电站计算机监控系统的电力通信网

电力通信网是以光纤、微波及卫星电路为主干线，各支路利用电力线载波、特种光缆等电力系统特有的通信方式，采用明线、电缆、无线等多种通信手段及程控交换机、调度总机等设备组成的多用户、多功能的综合通信网。

1. 电力线载波通信

电力线载波通信是电力系统传统的特有通信方式，曾是电力通信的主要方式。电力载波通信就是将话音及其他信息通过载波机变换成高频电流，利用电力线路进行传送的通信方式。它以输电线路为传输通道，具有通道可靠性高、投资少、见效快、与电网建设同步等优点。

在有线通信中，话音信号可以利用明线或电缆直接进行传送，但在高压输电线路上，由于工频电压很高、谐波分量很大，对话音信号有严重的干扰作用，因此在电力线上不能直接传送话音信号。一般利用载波机将低频话音信号调制成 40 kHz 以上的高频信号，通过专门的结合设备耦合到电力线上，信号会沿电力线传输，到达对方终端后，再采用滤波器很容易将高频信号和工频信号分开；而对应 40 kHz 以上的谐波电流，其幅值已相当小，对话音信号的干扰已减至可以接受的程度。这样，利用电力线既传送电力电流，又传送高频载波信号，称电力线的复用。其突出的优点是不用专门架设通信线路，随电力线延伸，投资不大，应用普遍。

2. 微波通信

在光纤通信出现前，微波通信曾作为远距离传输的主要手段，并得到迅速发展。目前，微波通信在我国电力通信传输网中仍居主导地位，但其发展速度正在放缓，其地位也开始由主网逐渐向配网、备用网转变。

3. 光纤通信

由于光纤通信具有抗电磁干扰能力强、传输容量大、频带宽、传输衰耗小等优点，光纤通信一出现便首先在电力部门得以应用并迅速发展。除普通光纤外，一些专用于电力系统的特种光纤也在电力通信中大量使用。特种光纤依托于电力系统自己的线路资源，受外力破坏的可能性小，可靠性高，虽然其本身造价相对较高，但施工建设成本低，在频率资源、路由协调、电磁兼容等方面具有很大的主动性和灵活性。

4. 无线通信

无线通信在农网系统使用较多，但由于水电站地处偏僻山区，它只能作为一种辅助的通信手段。无线通信具有传输距离远、使用方便、设备价格低等优点；但它抗干扰能力差，通信不稳定，信道指标低，传输数据的速率小于 300 bit/s，缺陷明显。

参考文献

[1] 陈帝伊，王斌，贾嵘. 水电站自动化 [M]. 北京：中国水利水电出版社，2019.

[2] 刘道佩. 小型水电站自动化无人值守运行的应用研究 [J]. 中文科技期刊数据库（全文版）工程技术，2023（7）：34-37.

[3] 涂刚. 电气自动化技术在水电站中的应用 [J]. 今日自动化，2023（6）.

[4] 陈正国，王文. 水电站电气工程中自动化技术的运用研究 [J]. 低碳世界，2023（7）：67-69.

[5] 贺文杰. 水电站电气工程自动化信息技术及节能措施的研究 [J]. 现代工业经济和信息化，2023（7）：78-79，82.

[6] 王建涛. 水电站电气工程自动化技术及运用分析 [J]. 城镇建设，2023（17）：183-185.

[7] 黄爱国. 计算机自动化技术在水电站中的应用研究 [J]. 中文科技期刊数据库（文摘版）工程技术，2023（9）：27-29.

[8] 文元雄. 自动化控制在水电站中的运用与实践 [J]. 工程抗震与加固改造，2023（4）：190.

[9] 李金生，彭良鹏. 提高水电站自动化设备运行可靠性的管理实践 [J]. 电力设备管理，2022（A1）：7-9.

[10] 王骆钟. 水电站自动化应用问题研究 [J]. 电子乐园，2022（9）：160-162.

[11] 郭悠扬. 水电站电气工程自动化技术及运用分析 [J]. 科学技术创新，2022（34）：14-17.

[12] 李伟. 电气自动化技术在水电站中的应用分析 [J]. 设备管理与维修，2022（10）：103-104.

[13] 王文军. 水电站中电气自动化技术的应用分析 [J]. 光源与照明，2022（6）：190-192.

［14］王震东. 探究电气自动化在水电站的应用［J］. 中国科技期刊数据库工业 A，2022
（5）：82-84.

［15］王君博，郑一鸣，孙芳吉，等. 电气自动化技术在水电站中的应用研究［J］. 中国
科技投资，2022（34）：123-125.

［16］刘静萍. 小型水电站自动化改造分析［J］. 建材与装饰，2021（10）：244-245.

［17］韦月华. 简析小型水电站自动化运行系统的作用及其实施策略［J］. 新农民，2021
（6）：32.

［18］张晓倩，李思原. 水电站自动化改造工作探讨［J］. 建筑工程技术与设计，2021
（4）：1082.

［19］王蓓. 水电站自动化实时监控系统研究［J］. 建筑工程技术与设计，2021（25）：
527-528.

［20］蔡金刚. 小型水电站自动化运行和维护的可行性分析［J］. 前卫，2021（16）：
118-120.

［21］雷杰. 水电站自动化向智慧化转型的必要性研究［J］. 中文科技期刊数据库（全文
版）工程技术，2021（11）：36-38.

［22］杜万冬. 水电站的自动化控制系统［J］. 缔客世界，2020（11）：97.

［23］詹轶芳. 水电站自动化技术及其应用研究［J］. 建材发展导向，2020（19）：182.

［24］黄爱迪，陈勇. 研究水电站自动化技术及其应用［J］. 中国电气工程学报，2020
（16）.

［25］廖瑞华. 小型水电站自动化生产管理研究［J］. 中国周刊，2020（9）：233.

［26］何南文. 中小水电站自动化控制中应用计算机技术的研究［J］. 计算机产品与流通，
2020（9）：6.

［27］李晓波. 水电站自动化技术及其应用［J］. 中国高新区，2019（13）：142.

［28］彭子利. 水电站自动化监控系统的运行与维护方式分析［J］. 时代农机，2019（7）：
13-14.

［29］周东旭. 中小型水电站自动化的发展方向［J］. 建材与装饰，2019（3）：246-247.

［30］王晓瑜. 浅谈小型水电站自动化系统改造［J］. 中国新技术新产品，2019（2）：27-28.

［31］王毅伟. PLC 在水电站自动化中的应用［J］. 黑龙江水利科技，2019（1）：133-135.

［32］张岭辉. 水电站自动化监控系统的运行与维护方式之研究［J］. 城市建设理论研究
（电子版），2019（3）：174.

［33］甘怀健. 水电站自动化技术的新发展［J］. 建筑工程技术与设计，2019（5）：4110.